破译科学系列

王志艳◎编著

吸引眼球的
宇宙探秘

科学是永无止境的
它是个永恒之谜
科学的真理源自不懈的探索与追求
只有努力找出真相，才能还原科学本身

延边大学出版社

图书在版编目（CIP）数据

吸引眼球的宇宙探秘 / 王志艳编著．—延吉：延边大学出版社，2012.9（2021.6重印）
（破译科学系列）
ISBN 978-7-5634-5035-0

Ⅰ．①吸… Ⅱ．①王… Ⅲ．①宇宙－普及读物 Ⅳ．①P159-49

中国版本图书馆 CIP 数据核字（2012）第 220692 号

吸引眼球的宇宙探秘

编　　著：	王志艳
责任编辑：	李东哲
封面设计：	映像视觉
出版发行：	延边大学出版社
社　　址：	吉林省延吉市公园路 977 号　邮编：133002
电　　话：	0433-2732435　传真：0433-2732434
网　　址：	http://www.ydcbs.com
印　　刷：	永清县晔盛亚胶印有限公司
开　　本：	16K　165×230 毫米
印　　张：	12 印张
字　　数：	200 千字
版　　次：	2012 年 9 月第 1 版
印　　次：	2021 年 6 月第 3 次印刷
书　　号：	ISBN 978-7-5634-5035-0
定　　价：	38.00 元

版权所有　侵权必究　印装有误　随时调换

吸引眼球的宇宙探秘

前言 Foreword

人类对宇宙的美好向往，可以追溯到公元前3000年。那时，希腊人把浩瀚的星空和美丽的神话故事紧密联系在一起，给它披上了一层神秘的面纱。但是，再美的神话故事也不能满足人们对科学知识的探求欲望。有史以来，智慧的先人就开始了对天空的观测。虽然探索星空的道路并不平坦：布鲁诺被罗马教皇烧死在鲜花广场；马科洛夫在登月勘察的归途中不幸坠地身亡……但这些都阻止不了后人对宇宙的探索欲望，随着人类的科学进步，火箭腾空了、卫星上天了、人类登月了……对宇宙的新发现不断涌现。我们发现：宇宙远比我们所想象的更为奇妙！

随着人类科学技术的日益发展，走向太空，开垦宇宙，不仅成为我们未来科学发展的主要方向，太空也成为我们未来的旅游目的地之一。因此，了解太空，感知宇宙，是我们走向太空的第一步。从太空到地球，从宇宙到海洋，世界的奥秘是无穷的，人类的探索是无限的，我们只有不断拓展更加广阔的生存空间，破解更多的奥秘，才能使我们更好地生活在自由广阔的世界。

为了启发青少年朋友对科学的热爱和对宇宙的探索精神，我们编辑出版了这本书。书中通过生动的事实叙述描述和精美的图片展示，将太空与地球的诸多知识呈现给大家，力图使广大青少年读者能够在阅读本书的同时，感受浩瀚星空的奥妙与神秘，并树立向科学进军的远大志向。

本书在编写过程中，参考了大量相关著述，在此谨致诚挚谢意。此外，由于时间仓促加之水平有限，书中存在纰漏和错误之处自是难免，恳请各界人士予以批评指正，以利再版时修正。

目录 CONTENTS

宇宙是如何诞生的 //1

宇宙有多大 //2

宇宙的年龄是多少 //4

宇宙的"长城"之谜 //5

宇宙"岛屿"之谜 //6

宇宙的神秘天体 //7

宇宙的"四大天王" //8

宇宙的"黑色骑士" //9

大爆炸宇宙学 //10

宇宙的反物质推断 //11

宇宙中"失落的世界" //12

宇宙到底有几个 //13

宇宙的最终归宿在何处 //15

对宇宙"黑洞"的三大看法 //16

宇宙黑洞新发现 //17

宇宙中存在白洞吗 //18

白洞形成之谜 //21

白洞与黑洞存在什么样的关系 //23

一两百亿年后宇宙可能崩溃吗 //25

宇宙真的无限大吗 //27

恒星中的"矮子"——白矮星 //30

白矮星会变为中子星或黑洞吗 //32

星体互相吞食之谜 //33

何谓总星系 //34

银河系里有多少颗星星 //35

吸引眼球的宇宙探秘
XIYINYANQIUDEYUZHOU
TANMI

银河系有一个神秘的旋臂吗 //36

银河系到底有多大 //39

银河系究竟有没有漩涡结构 //40

银河系存在大型黑洞的新证据 //41

最新研究显示银河系中地球兄弟众多 //42

鹿豹座之谜 //43

能够爆发的新星 //44

可以用肉眼看到的恒星 //47

体积微小的小行星 //49

天狼星为何会变色 //51

流星为何会发出声音 //52

彗星活动与地震有关吗 //53

地球瘟疫来自于彗星吗 //54

最引人注目的彗星之谜 //55

类星射电源之谜 //58

"调皮捣蛋"的脉冲星 //59

彗星发现之谜 //60

大彗星是一颗什么样的星星 //63

掠日彗星之谜 //64

金星位相变化的发现 //65

金星真面目 //67

太阳的极羽之谜 //69

太阳的日珥之谜 //70

太阳的黑子之谜 //71

太阳的极光之谜 //72

目录 CONTENTS

太阳为什么会自转 //73

太阳为何会收缩 //74

夜里能出太阳吗 //75

太阳会熄灭吗 //76

太阳从西边出来之谜 //77

金星卫星之谜 //80

天王星的发现 //82

海王星的发现 //85

海王星上有风暴吗 //88

恒星是如何产生的 //89

恒星是如何演化的 //90

恒星的结局如何 //91

太阳系是如何产生的 //92

太阳系有第二条小行星带吗 //94

《牛郎织女》能相会吗 //95

宇宙中还有别的太阳系吗 //97

银河系是如何形成的 //99

上帝就是古代太空人吗 //102

类地行星之谜 //110

从太空俯视人间会是怎样的情景 //111

将来去太空旅游有哪些方式 //113

人类能建造太空城吗 //115

人类能往太空移民吗 //118

太空资源有哪些 //122

天、地为什么分离 //130

吸引眼球的宇宙探秘
XIYINYANQIUDEYUZHOU TANMI

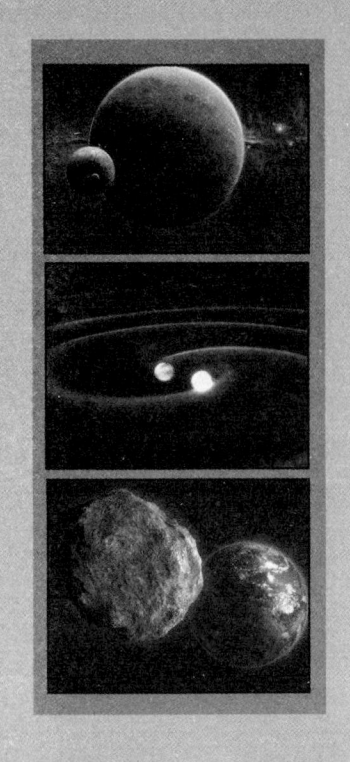

地轴会偏移吗 //134

前古生代地球模样 //138

中生代地球模样 //140

地球的重力变化之谜 //141

影响地球自转均匀性之谜 //142

地球在一年中的变迁之谜 //145

为什么地球不是圆的呢 //147

地球的年龄之谜 //149

地球上最大的伤疤之谜 //152

地球磁极移动曾毁灭生命吗 //155

地球光环之谜 //158

失踪了的金星卫星之谜 //162

神秘的火星标语之谜 //164

太阳真的存在恐怖伴星吗 //165

月球形成的奥秘 //167

月球卫星之谜 //169

月亮为什么会有圆缺 //171

揭秘月震之谜 //172

月球年龄有多大 //173

月球的岩石年龄是多少 //174

人类摧毁月球有好处吗 //175

一年里为什么会有四季变化 //178

区时是如何划分的 //181

大气层是怎样形成的 //183

宇宙是如何诞生的

宇宙是如何诞生的，现在的样子又是如何演变而成的呢？在很早以前人类就提出了这些疑问。这个使人类困惑千年而未能破解的重大问题，直到70年前爱因斯坦完成了一般相对论学说之后，才首次提出符合科学逻辑的解答。

一般相对论提出，宇宙有可能发生膨胀，后来研究的结果证实了这一点。科学家们发现远方的银河正在以非常快的速度和我们的银河拉远距离，这说明宇宙正在逐渐地膨胀着。另外，还发现宇宙空间到处充满杂音电波，这证明宇宙曾经是一个超高温、高密度的大火球。在以上事实的基础上产生的"大爆炸宇宙论"已被公认为是当前最标准的宇宙进化理论。根据这个理论推算，宇宙诞生的时间在150亿年之前。宇宙刚刚诞生时它的直径仅有1/1033厘米，但它的温度和密度却高得让人无法想象。由于物质的温度和密度骤然下降，使这个宇宙之卵以爆炸性的速度猛烈膨胀。在"大爆发"中诞生了各种元素和支配它们运动的力，也因此形成了星球和银河，顷刻间宇宙之卵便演变成了"成年"的宇宙。"大爆发宇宙论"得山，宇宙可能是从既无空间也无时间的"虚无"之中以惊人的速度迅猛膨胀而瞬间诞生的。还提出，宇宙常常是周而复始地从诞生到消亡，再诞生，再消亡的轮回，我们现在的这个宇宙只是从过去到未来无数个宇宙中的一个而已。但到目前为止，对于宇宙的起源还没有一个统一的理论，等待进一步的考察、研究。

宇宙有多大

我们现在所谈到的宇宙大小，是指可见的宇宙，也就是以我们人类生活的地球为一个球体，它的半径是从大爆炸，即宇宙作为一个点诞生，并开始向外迅速膨胀以来光所通过的空间；从整体上看，宇宙很可能比这个可见的宇宙大得多。

"光年"是天文学采用的计量单位，也就是光在一年中经过的路程。光的速度大约为每秒30万公里，一光年大约是94600亿公里。银河系的直径约为10万光年。而且还有另外的星系在银河系之外，离我们有数10亿光年。我们目前所能观测到的宇宙边缘，最新发现了类星体，与地球相隔约100亿到200亿光年，这是到目前为止所知最遥远的天体。

这样遥远的距离简直无法想象，但天文学家的职责就是准确地计算，测量出宇宙的大小和范围。

假如天文学家可以找到一支"标准蜡烛"，也就是某个类星体，它有稳定亮度，特别显眼，远隔半个宇宙也能够看见，那么这个问题便不再是谜。但是到目前为止，大家公认整个宇宙可通用的"标准蜡烛"还没有找到。因此天文学家运用这一基本方法时通常采取一种分步方式，这就是设立一系列"标准蜡烛"，每一步的作用就是测定下一步。

近几年来，近红外线观测宇宙变星、行星状星云和麻省理工学院的约翰·托里的成片星系，3种不同的"标准蜡烛"，使大多数人认为宇宙并不古老，仅有110～120亿年。

但是并不能肯定这就是正确答案，至少有另外3个天文学家小组得出了不同的结果。其中的一个小组是以哈佛大学天文学系主任罗伯特·柯什纳为首，他们得出的结论是：宇宙并不古老，可能有150亿年。

但杰奎琳·休特及她的学生们以及普林斯顿大学的埃德·特纳都测定宇

△ 浩瀚的宇宙

宙有240亿年。

　　总而言之，到现在为止，宇宙究竟有多大这个问题还没有一个具体统一的答案，有待于科学家们进一步研究。

宇宙的年龄是多少

宇宙的年龄有多大一直是科学家所关注的问题。因为它是宇宙是否会膨胀的一个指标。

测定宇宙年龄的方法有很多。用同位素年代法测量过地球的年龄为40至50亿年，月球年龄为46亿年，太阳年龄为50亿至60亿年，此法测定宇宙年龄为120亿年。

比较常用的还有球状星团测量法，它是借助恒星演化理论来测算恒星年龄，利用这个方法计算的宇宙年龄为80亿至180亿年。如果从测定的最老恒星的年龄约200亿年来看，宇宙的年龄至少应在180亿年以上。

哈勃常数测定法是基于宇宙膨胀的观测事实来确立的。在一个不断膨胀的宇宙中，测膨胀速度可通过红移量的测量来获得。测出了邻近星系与我们的距离，再由此标定红移与距离的关系，就可提供宇宙的尺度，进而计算宇宙的年龄，因此测定出邻近星系与我们之间的距离是最为关键的。

测量与邻近星系距离的方法有两种，每种方法测量出的结果也都有两种，即200亿年和100亿年。

还有人采用一种与哈勃常数无关的测定方法，测得的宇宙年龄为240亿年。最近，德国的科学家测定出宇宙年龄为340亿年。

总之，运用不同的测定方法所测出来的宇宙年龄都不一样，而且相差非常远。由于宇宙是怎样产生，又是怎样演化等问题至今也没有一个正确的解释，所以宇宙的寿命到底有多大，也无法给它一个合理的解释，有待科学的进一步研究。

宇宙的"长城"之谜

美国天体物理研究中心的科学家约翰·赫奇勒和玛格特·盖勒发现，利用他们首创的三度空间图像可以推测宇宙建立在许多巨大空间的周围。这些空间看起来就像洗脸盆上的肥皂泡，而大大小小的星系就依附在"泡沫"上。有的"肥皂泡"相当大，直径达到15亿光年。

△ 狭长星系

但是，这些"肥皂泡"是如何产生的？构成星系的物质是如何空出这么巨大的区域来的？诸如此类的问题，在科学界引起激烈争论。有人认为，是大爆炸将物质从空间中心推向四周，从而形成"泡状"。这种说法存在着很大问题，因为它无法解释物质怎么能跑完这么长的路程，形成这么巨大的空间。

最近，有人又发现了横跨天穹的一个狭长星系。这个星系长约5亿光年，宽约2亿光年，厚约1500光年。这是天文学家迄今为止发现的最庞大的宇宙结构。美国《科学》杂志详细报道了这一发现，并将其命名为"长城"。

这道肉眼看不见的是曲线形的"长城"，离地球大约2亿~3亿光年。由于距离遥远，它在一般的天文摄影照片上显示不出来。

这条"长城"的发现使人们了解到宇宙中最大的发光结构不是银河系中的超星系团。与此同时又给人们一些启示：在太空中会不会还有更大的天体等待着人们去发现呢？

宇宙"岛屿"之谜

在宇宙产生之初，同时也产生了不均匀的物质。在后来宇宙膨胀过程中，这些不均匀的物质由于引力的作用，逐渐收缩成一个个"岛屿"，这就是星系，人们将其形象地称作"宇宙岛"或"岛宇宙"。

提起宇宙岛，可追溯到意大利布鲁诺关于宇宙中恒星世界的构想。1755年，德国哲学家康德认为宇宙中有无限多的星系，这就是宇宙岛假说的渊源。天文学家通过观测，看到了许多雾状的云团，便猜测可能是由很多恒星构成的，只是离得太远，人们无法一一分辨出。

进入20世纪，在美国引起了关于宇宙岛的争论。人文学家柯蒂斯认为宇宙岛是河外星系，否则它们就是银河系的成员。另一位大文学家沙普利提出与柯蒂斯不同的观点。在20世纪20年代，他们展开激烈的争论。后来哈勃进行了更精确的测量，证明了河外星系的存在，这样，关于宇宙岛的争论才宣告结束。

现在人们所观测到的河外星系已达上万个，最远者距银河系达70亿光年。估计河外星系数目大得惊人，若画一个半径达20亿光年的圆球，其内含有约30亿个星系，每个星系都包含着数以千亿计的恒星。

关于宇宙中的宇宙岛从何处漂移过来的问题，目前仍存在很多的争论。关于星系起源的理论更有很多，有代表性的是引力不稳定性假说和宇宙湍流假说。前者认为，在30亿年间，星系团物质由于引力的不稳定而形成原星系，并进一步形成星系或恒星；后者认为宇宙膨胀时形成漩涡，它可以阻止膨胀，并在漩涡处形成原星系。二者都认为星系形成了100亿年，但与其他一些关于星系起源的观点一样虽然都产生了深远的影响，却都不能完整科学地解释宇宙岛理论。

宇宙的神秘天体

1983年1~11月间，美国发射的一颗红外天文卫星在北部天空扫描时，在猎户座方向两次发现一个神秘天体。两次观测这个天体时隔6个月，这表明它在空中有稳定的轨道。

1988年12月，苏联科学家通过地面卫星站发现有一颗神秘的巨大卫星出现在地球轨道上。

美苏两国通过外交途径接触和讨论，双方明白那颗卫星是出自第三者。以后的一系列调查表明，法国、德国、日本或地球上任何有能力发射卫星的国家都没有发射它。

根据苏联的卫星和地面站的跟踪显示，这颗卫星体积异常巨大，具有钻石般的外形，而外围有强磁场保护，内部装有十分先进的探测仪器。它似乎有能力扫描和分析地球上每一样东西，包括所有生物在内，同时还装有强大的发报设备，可将搜集到的资料传送到遥远的外空中去。

此事被披露之后，至今世界上已有200多位科学家表示愿意协助美苏去研究这颗可能是来自外太空某一个星球的人造天体。法国天文学家佐治·米拉博士说："很明显，这颗卫星飞行了很长的途径才来到地球，事实上它的设计也是这样。虽然只是初步估计，但我敢说它至少已制成5万年之久！"

宇宙的"四大天王"

在星空中地球公转轨道投影上的"黄道",有4颗明亮的一等星,而且它们彼此间的相隔也大致差不多,基本上可以作为一年中四个季节的代表星,所以人们习惯把它们称为"四大天王"。

这4星分别是：狮子α、天蝎α、南鱼α和金牛α。

按照西方星座的划分,轩辕十四属于狮子座,称为狮子座α星。按我国古代星座来划分,轩辕十四则隶属轩辕星座。轩辕星座由17颗星组成,狮子座α星正是其中最亮的星,即主星。狮子座α星是一颗白色亮星,在亮星表上排名第二十一位,距地球约84光年,在地球上看它位于狮子的心脏位置。天蝎座从α星开始一直到长长的蝎尾都沉浸在茫茫银河里。α星恰恰位于蝎子的胸部,因而西方称它是"天蝎之心"。有趣的是在我国古代,正好把天蝎座α星划在二十八宿的心宿里,叫做"心宿二"。

南鱼座α星又叫北落师门,是南鱼座的主星,全天第18亮星,视星等1.16等,绝对星等2.03等,距离22光年。北落师门给人以一种湿润的感觉,是颗A3V型白色主序星。

距猎户座西北方不远的天区,有一颗非常亮的0.86m星(在全天亮星中排第十三位),它就是金牛座α星,我国古代称它为毕宿五。金牛α出现在冬夜中,距离我们68光年,半径也比太阳大46倍,从它发出的光呈橘红色可知,其表面温度也只有3000度左右。金牛座中最引人注目的天体,是肉眼见不到的"蟹状星云"。

宇宙的"黑色骑士"

1961年，在巴黎天文观测台工作的法国学者雅克·瓦莱发现了一颗运行方向与其他卫星相反的地球卫星，这颗来历不明的卫星被命名为"黑色骑士"。随后，世界上有许多天文学家按瓦莱提供的精确数据，也发现了这颗环绕地球逆向旋转的独特卫星。

△ 真有有"黑色骑士"吗

1981年，苏联的一家天文台也证实了"黑色骑士"的存在，具体特征如下：它在地球高空的轨道上，遵循着极大的椭圆轨道运行，体积其小，十分耀眼，像是个金属球体。

法国学者亚历山大·洛吉尔认为："黑色骑士"可以用与众不同的方式绕地球运行，表明它能够改变重力的影响，而且这只有作为外星来客的UFO（不明飞行物体）才能做到，因此这颗被称作"黑色骑士"的奇特卫星可能与UFO具有联系。

9

大爆炸宇宙学

"大爆炸宇宙学"认为，宇宙起源于一个温度极高、体积极小的原始火球。在距今150～200亿年前，这个火球发生了大爆炸。随着空间膨胀、温度降低，物质的密度也逐渐减小，原先存在的质子、中子等基本粒子结合成氘、氦、锂等元素，以后又逐渐形成星系、星系团，并逐渐形成恒星、行星，而且在一些天体上还出现了生命现象，最后诞生了人类，宇宙初步形成。

大爆炸学说可以解释较多的观测现象。例如，天文学家观测到远处的天体总是远离地球而去，这证明宇宙仍在膨胀。另外，大爆炸理论还成功地预言了宇宙背景辐射的存在。

大爆炸学说预言在大爆炸之后，星系形成之前宇宙的结构应当是云团。这一巨大云团的发现证实了大爆炸学说的预言，通过对这一云团的观测，科学家可以进一步推测宇宙初期的情景。

这一巨大云团的发现还证实了科学家的另一个预言，即宇宙质量的90%存在于"暗物质"中。以往天文学家观测到的宇宙总质量远比理论上计算出的宇宙总质量要小得多。这些"消失"了的物质被称为"暗物质"。"暗物质"的多少直接影响着宇宙的未来，如果宇宙总质量小于某一数值，那么它将像现在这样一直膨胀下去；如果它的总质量大于这一数值，那么天体之间的引力将使宇宙停止膨胀，并在这一巨大引力作用下开始收缩，形成宇宙"大坍塌"，直至大爆炸前的状态。

宇宙的反物质推断

反物质是和物质相对立的一个概念。众所周知，原子是构成化学元素的最小粒子，它由原子核和电子组成。原子的中心是原子核，原子核由质子和中子组成，电子围绕原子核旋转。原子核里的质子带正电荷，电子带负电荷。从它们的质量看，质子是电子的1840倍，形成了强烈的不对称性。因此，20世纪初有一些科学家就提出疑问，二者相差这么悬殊，会不会存在另外一种粒子，它们的电量相等而极性相反，比如一个同质子质量相等的粒子，可带的是负电荷，另一个同电子质量相等的粒子，可带的是正电荷。

人们根据反粒子，自然联想到反原子的存在。一个质子和一个带负电荷的电子结合便形成了原子。那么一个反质子和一个带正电荷的"电子"结合，不就形成了一个反原子了吗？类推下去，岂不会形成一个反物质世界吗？于是有人认为，宇宙是由等量的物质和反物质构成的。

从理论上看，宇宙中应该存在一个反物质世界。可事实并非如此简单。经研究发现，粒子和反粒子一旦相遇，它们就会"同归于尽"。

按照对称宇宙学的观点反物质与反物质世界是存在的。这一学派认为，我们所看到的全部河外星系（包括银河系在内），原本不过是个庞大而又稀薄的气体云，由等离子体构成。等离子体既包含粒子，又包含反粒子。当气体云在万有引力作用下开始收缩时，粒子和反粒子接触的机会就多了起来，便产生了湮灭效应，同时释放出巨大能量，收缩的气体云开始膨胀。

基于以上观点，反物质世界一定在宇宙中某个地方存在着，前提是不与物质会合，可物质和反物质怎样才能不会合呢？为什么宇宙中的反物质会这么少呢？这些都是待解之谜。

宇宙中"失落的世界"

有天文学家提出，在遥远的宇宙边缘，存在着一些与地球环境相似的行星，它们被称为"失落的世界"。

科学家们认为，这些行星在太阳系形成初期被摒出太阳系。它们那里的气候暖和而且湿度充足，足以维持生命的存在。

美国加利福尼亚州技术学院行星科学家史蒂文森表示，尽管这些行星没有像太阳那样的恒星为它们提供热力，但它们的表面很可能有厚厚的氢气层，氢气层中蕴藏着由行星天然放射作用所发出的热量，并使这些微热得以长期保存，从而使它们能保留大致与地表相同的温度，甚至使它们也有海洋存在。这些"被逐者"从太阳系形成过程中所获取的热能，即使经过几百亿年也不会冷却。

△ 宇宙中真有存在"失落的世界"吗

液态的水被认为是与地球生命类似的生物存在所应有的条件，但不是绝对条件。史蒂文森说，那些"被逐"天体上面也可能有火山及闪电，从而使其表面温度可以维持生命，并维持着生命长久存在。此外，在这些行星的大气层中，除氢以外还很可能含有甲烷和阿摩尼亚。这一切与40亿年前地球开始有生命的环境相似，就算有生物存在，它们也是较为低等的。

史蒂文森的论点目前基本上不能得到证实。"失落世界"之谜有待进一步研究和发现。

宇宙到底有几个

一次大爆炸已经使我们很迷糊了，有一些科学家还要给我们宇宙的诞生"增加"一次大振荡，并且给我们的宇宙找到了一位孪生兄弟，使它免于孤独。

英国剑桥大学和美国太空望远镜协会的科学家有了一种宇宙形成的新理论，他们正在努力完善这种理论。这一理论认为，大爆炸是发生在另外一次大振荡之后，这就是说可能还有一个看不见的宇宙与现有的宇宙共存。

由美国普林斯顿大学的保尔·斯坦哈特教授提出的这一理论被称为"M论"，它主要研究宇宙大爆炸发生前的事件和时间。在该理论所提供的模型中，宇宙共有十一维空间，其中六维因绕成微小丝状而可忽略不计。宇宙在大爆炸之前的"和平年代"里是由两个四维平面构成的，其中一个平面是我们今天的宇宙，另外一个是"隐藏"的宇宙。这一"隐藏"宇宙随机波动，渐渐发生形变并接近我们的宇宙。它"溅"入我们的宇宙时，因撞击引起了大爆炸，那些能量在大爆炸中转化为现在宇宙的物质和能量。我们的宇宙和一个"隐藏"的宇宙共同"镶嵌"在"五维空间"中。我们的宇宙早期发生的大爆炸，是源自这两个宇宙发生的一次相撞事故，我们宇宙中的物质和能量就来自相撞产生的能量。

中国科学院北京天文台原台长李启斌教授的看法是，这一学说将开创一个宇宙起源研究的新局面。在物质世界各种规律中，宇宙的起源起着决定性的和纲领性的作用。在越来越多的实际天文观察证据的支持下，"宇宙大爆炸"这一种关于宇宙起源的理论如今已被科学界普遍接受。

李教授说，新理论开创性地运用了物理学的新理论"超弦"。此前"宇宙大爆炸"理论运用的是爱因斯坦的广义相对论。李教授说，在他给中小学生作报告的时候，对宇宙的起源问题的提问，仅次于"外星人"。这一难题

吸引眼球的宇宙探秘

△ 神奇的宇宙空间

的最终破解不仅是科学界的一件大事,也是一个很大的哲学新发现。

　　人们相信这一理论能解释宇宙为什么膨胀及如何膨胀等有关宇宙的重要细节,其研究结果将可能告诉人们150亿年前大爆炸发生前宇宙是个什么样子。目前,这一仍处于研究阶段的理论已引起了天文学家的广泛关注。

宇宙的最终归宿在何处

任何事物都有其发生、发展和消亡的过程，这是事物存在的基本规律。宇宙也会以某种方式走向死亡吗，宇宙的最终归宿将是何方？

现代科学家们关于宇宙如何发展提出两种可能：一种是宇宙会继续膨胀下去；另一种是膨胀总会达到一定的极限，然后停止，最后逐渐收缩。

如果宇宙无限制地膨胀下去，在这个过程中各个星球将燃烧完内部的核燃料，最后变成白矮星、中子星和黑洞。随后整个宇宙将成为无比巨大的一个黑洞，宇宙内的所有物质将被黑洞吞噬，整个宇宙将一团漆黑，沦为一个黑暗的世界。最后黑洞也会消失，组成物质的基本粒子也会衰变，宇宙又回到原先的混沌状态。

那么，如果宇宙膨胀到一定程度后开始萎缩，又将是怎样一种情形呢？首先，科学家们并不能确定宇宙到何时才由膨胀转为收缩；其次，也只能从理论上去推测收缩以后的情况。理论推测的结果可能是这样：

宇宙一旦开始收缩，将会使宇宙空间的物质密度逐渐增大，从而使星球之间的距离缩短，这当然会对星球造成不同程度的影响。不过，温度的变化对星球造成的影响可能最大。在宇宙逐渐收缩的过程中，它的温度将逐渐升高。首先，由于温度的升高，地球上的生物将有可能不能存在下去。接着，地球也将灭亡。随后，当整个宇宙的温度升高到超过太阳的最高温度时，恒星也将化成气体，消失在茫茫宇宙中。而黑洞则可以大肆侵吞宇宙中的物质，使自己逐渐变"胖"、变重。同时它们还不断地吞并，最后一个大黑洞形成了。宇宙又沿着大爆炸后不断膨胀的逆反过程，回归到原来的状态。

到那时宇宙是否会再一次爆炸，产生新的宇宙体，再膨胀，然后收缩变成黑洞，如此周而复始不断循环下去呢？以我们目前的科技水平还不能回答，但那肯定是一个非常遥远的时间问题，这是确信无疑的。

对宇宙"黑洞"的三大看法

黑洞有极其强大的引力场，以至于任何东西，包括光在内都不能从中逃掉。不仅如此，黑洞强大的引力场还足以摧垮其内部的一切物体，所以黑洞内部不具备任何类型的物质结构，这就是著名的"黑洞无常定理"。

△ 神秘的黑洞

黑洞具有奇特的、令人难以想象的古怪性质。它的密度大得惊人，如果把太阳变成一个黑洞，它的半径就要从现在的70万千米"压缩"到3千米左右，即缩小到二十三万分之一；如果把我们的地球变成一个黑洞，那么它的半径就要从现在的6000多千米"压缩"到仅几毫米，相当于一颗小小的绿豆。

经过天文学家的研究，对黑洞的来源有三种看法：一是恒星在其晚年核燃料全部耗尽，星体在其自身引力作用下开始收缩凹陷，如果收留凹陷物质的质量大于太阳质量的3倍，那么收缩凹陷的产物便是黑洞；二是星系或球状星团的中心部分恒星很密集，星体之间容易发生大规模的碰撞，由此产生超大质量的天体坍缩后，便可以形成质量超过太阳1亿倍的黑洞；三是根据大爆炸的宇宙模型推断，大爆炸的巨大力量会把一些物质挤压得极其紧密，于是形成了"原生黑洞"。

天文学家还列举了许多星体轨道畸变的事实，以确认黑洞的存在。但是尽管天文学家都认定黑洞的存在，但没有一个人找到一个黑洞。因此黑洞是否存在，至今还是个谜。

宇宙黑洞新发现

英国剑桥天文研究所一个小组最近利用电脑，模拟黑洞"吞噬"物质的情形，赫然发现黑洞原来也有"饱到呕"的时候，并非如原先估计的那般"贪婪"。

这项发现叫人对黑洞的"成长"过程产生了不少疑问。小组负责人普林格尔博士说："天文学家一般假设黑洞透过吸入物质不断扩大。那表示在银河系的演变过程中，中央黑洞会以极快速度扩张，我们在探索太空时，理应可看到这个过程。"

不过，天文学家却找不到物质被慢慢吸入黑洞继而燃烧发光的现象。电脑模拟过程显示，物质在浮向黑洞之后随即被"吐"了出来。

银河系的中心隐藏一个超巨型的黑洞，它拥有极大的万有引力能吸吮光线。天文学家在最近出版的英国《自然》科学周刊中报道，这个名为"人马座A★"的黑洞，距离地球26000光年，亦即我们的银河系旋转的位置。天文学家早就怀疑有这个黑洞存在，原因是在黑洞周围旋转的气团及宇宙尘中，排放出微弱的辐射。

洛杉矶加州大学物理及天文学系一组专家利用全球其中一个最大型望远镜——夏威夷的10米长凯克望远镜，发现在"人马座A★"黑洞近距离轨道运行的3颗星体，在黑洞的万有引力影响下加速。3颗星体目前以接近地球环绕太阳轨道的速度，在"人马座A★"周围劲飞，显示星体是受到一股巨型质量的物体拉动，科学家估计这物体的质量是太阳的260万倍，可能是黑洞。

宇宙中存在白洞吗

白洞（又称白道）是广义相对论预言的一种与黑洞（又称黑道）相反的特殊天体，是大引力球对称天体的史瓦西解的一部分。白洞仅仅是理论预言的天体，到现在还没有任何证据表明白洞的存在。其性质与黑洞正相反。白洞有一个封闭的边界。与黑洞不同的是，白洞内部的物质（包括辐射）可以经过边界发射到外面去，而边界外在的物质却不能落到白洞里面来。因此白洞像一个喷泉，不断向外喷射物质（能量）。

从定义上来说，白洞与黑洞是物理学家们根据黑洞在爱因斯坦的广义相对论上所提出的物体。物理学界和天文学界将白洞定义为一种致密物体，其性质与黑洞则完全相反。白洞并不是吸收外部物质，而是不断地向外围喷射各种星际物质与宇宙能量，是一种宇宙中的喷射源。简单来说，白洞可以说是时间呈现反转的黑洞，进入黑洞的物质，最后应会从白洞出来，出现在另外一个宇宙。由于具有和"黑"洞完全相反的性质，所以叫做"白"洞。它有一个封闭的边界。聚集在白洞内部的物质，只可以向外运动，而不能向内部运动。因此白洞可以向外部区域提供物质和能量，但不能吸收外部区域的任何物质和辐射。白洞是一个强引力源，其外部引力性质与黑洞相同。白洞可以把它周围的物质吸积到边界上形成物质层。白洞学说主要用来解释一些高能天体现象。目前天文学家还没有实际找到白洞，还只是个理论上的名词。白洞是理论上通过对黑洞的类比而得到的一个十分"学者化"的理论产物。

和黑洞完全不一样，白洞不会吸收任何物体，相反的，白洞会不断释放出物质，包括基本粒子和场。

白洞和黑洞一样，有一个"视界"。不过和黑洞不一样，时空曲率在这里是负无穷大，也就是说在这里，白洞对外界的斥力达到无穷大，即使是光笔直地向白洞的奇点冲去，它也会在白洞的视界上完全停止住，不可能进入白洞一步。

理论上，白洞也可以根据是否旋转，是否带有电荷分类，但是理论物理学家们认为，白洞的无穷大的斥力会迫使白洞不带有任何电荷，因为电荷很容易就被赶到了视界外。而旋转，也被认为是不可能的。不过白洞看来只可能是一种想象中的产物。因为如果白洞不吸收任何物体而仅仅是喷射物质，那么无论这个白洞的质量有多大，它的物质也会很快地被喷射光。

黑洞作为一个发展终极，必然引致另一个终极就是白洞。其实，膨胀的大爆发宇宙论中，早就碰到了原初火球的奇点问题，这个问题其实一直困扰着科学家们。这个奇点的最大质量与密度和黑洞的奇点是相似的，但它们的活动机制却恰恰相反。高能量超密物质的发现，显示黑洞存在的可能，自然也显示白洞存在的可能。如果宇宙物质按不同的路径和时间走到终极，那么也可能按不同的时间和路径从原始出发，亦即在大爆发之初的大白洞发生后，仍可能出现小爆发小白洞。而且流入黑洞的物质命运究竟如何呢是永远累积在无穷小的奇点中，直到宇宙毁灭，还是在另一个宇宙涌出呢？

20世纪60年代以来，由于空间探测技术在天文观测中的广泛应用，人们陆陆续续发现了许多高能天体物理现象，例如宇宙X射线爆发、宇宙γ射线爆发、超新星爆发、星系核的活动和爆发以及类星体、脉冲星等。

这些高能天体物理现象用人们已知的物理学规律已经无法解释。就拿类星体来说吧，类星体的体积与一般恒星相当，而它的亮度却比普通星系还亮。类星体这种个头小、亮度大的独特性质，是人们从未见到过的，这就使科学家们想到类星体很可能是一种与人们已知的任何天体都迥然不同的天体。

如何解释类星体现象呢？科学家们提出了各种各样的理论模型。苏联的诺维柯夫和以色列的尼也曼提出的白洞模型，引起了大家的注意。白洞概念就这样问世了。

如果黑洞从有到无，那白洞就应从无到有。20世纪60年代，苏联科学家开始提出白洞的概念，科学家做了很多工作，但这概念不像黑洞这么通行，看来白洞似乎更虚幻了。问题是我们已经对引力场较为熟悉，从恒星、星系演化为黑洞有数理可循，但白洞靠什么来触发，目前却依然茫然无绪。无论如何宇宙至少触发过一次，所以白洞的研究显然与宇宙起源的研究更有密切的关系，因而白洞学说通常与宇宙学及结合起来。人们努力的方向不在于黑白洞相对的哲学辩论，而在于它的物理机制问题。从现有状态去推求终末总容易些，相反的，从现有状态去探索原始，难免茫无头绪。

有人认为，类星体的核心就可能是一个白洞。当白洞内中心点附近所聚集的超密态物质向外喷射时，就会同它周围的物质发生猛烈碰撞，而释放出巨大的能量。因此有些X射线、宇宙线、射电爆发、射电双源等物理现象，可能与白洞的这种效应有关。白洞目前还只是一种理论模型，尚未被观测所证实。

在技术上，要发现黑洞，甚至超巨质量黑洞，都比发现白洞要容易得多。也许每一个黑洞都有一个对应的白洞！但我们并不确定是否所有的超巨质量的"洞"都是"黑"洞，也不确定白洞与黑洞是否应成对出现。但就重力的观点来看，在远距离观察时两者的特性则是相同的。

当人们有了很复杂的数学工具来分析这些相关方程式，他们发现了更多。在这个简单的情形下时空结构必须具备时间反演对称性，这意味着如果你让时间倒流，所有一切都应该没什么两样。因此如果在未来某个时刻光只能进不能出，那过去一定有个时刻光只能出不能进。这看上去就像是黑洞的反转，因此人们称之为白洞，虽然它只是黑洞在过去的一个延伸。（更奇怪的是：在世界里面似乎应该还有一个宇宙，虽然这里用"里面"可能不太确切。）时间在白洞里面是存在的，但既然你不能进去，那你只有出生在里面才能知道了。

在现实中，白洞可能并不存在，因为真实的黑洞要比这个广义相对论的简单解所描述的要复杂得多。他们并不是在过去就一直存在，而是在某个时间恒星坍塌后所形成的。这就破坏了时间反演对称性，因此如果你顺着倒流的时光往前看，你将看不到这个解中所描述的白洞，而是看到黑洞变回坍塌中的恒星。

我们知道，由于黑洞拥有极强的引力，能将附近的任何物体一吸而尽，而且只进不出。如果我们将黑洞当成一个"入口"，那么应该就有一个只出不进的"出口"，就是所谓的"白洞"。黑洞和白洞间的通路，也有个专有名词，叫做"灰道"（即"虫洞"）。虽然白洞尚未发现，但在科学探索上，最美的事物之一就是许多理论上存在的事物后来真的被人们发现或证实。因此也许将来有一天，天文学家会真的发现白洞的存在。

白洞形成之谜

关于白洞是如何形成的，目前科学家们持有两种不同的见解。

一种得到了多数天文学家赞同的观点认为，当宇宙诞生的那一时刻，即当宇宙由原初极高密度、极高温度状态开始大爆炸时，由于爆炸的不完全和不均匀，可能会遗留下一些超高密度的物质暂时尚未爆炸，而是要再等待一定的时间以后才开始膨胀和爆炸，这些遗留下来的致密物质即成为新的局部膨胀的核心，也就是白洞。

有些致密物质核心的爆炸时间已经延迟了大约100亿年或200亿年（这要看宇宙的年龄是100亿年还是200亿年，而宇宙年龄目前也是一个未解之谜）。它们的爆炸，就导致了我们今天所观测到的宇宙中各种高能天体物理现象。为此，白洞又有了"延迟核"之称。按照延迟核理论，100亿或200亿年之前，我们的宇宙就是一个巨大的白洞。

除了延迟核理论之外，另一种观点认为，白洞可直接由黑洞转变过来，白洞中的超高密度物质是由引力坍缩形成黑洞时获得的。

传统的黑洞理论认为，黑洞只有绝对的吸引而不向外界发射任何物质和辐射。20世纪70年代，有一位卓越的英国天体物理学家霍金，根据广义相对论和量子力学理论，对黑洞作了进一步的研究，并对传统的黑洞理论作了重大的修正。霍金对黑洞的见解轰动了科学界，他因此获得了1978年的爱因斯坦奖金。

霍金认为，黑洞具有一定的温度，会以类似于热辐射的方式稳定地向外发射各种粒子，这就是所谓的"自发蒸发"。黑洞的蒸发速度与黑洞的质量有关，质量越大的黑洞，温度越低，蒸发得越慢；反之，质量越小的黑洞，温度越高，蒸发得越快。譬如，质量与太阳相当的一个黑洞，约需1066（100亿亿亿亿亿亿亿亿）年才能够完全蒸发完，而一些原生小黑洞，却能在

10~23秒（一秒的一千万亿亿分之一）之内蒸发得一干二净。

黑洞的蒸发使黑洞的质量减小，从而使黑洞的温度升高，这样又促使自发蒸发进一步加剧。倘若这种过程继续下去，黑洞的蒸发便会愈演愈烈，最后以一种"反坍缩"式的猛烈爆发而告终。这个过程正好就是不断向外喷射物质的白洞了。

目前，这种白洞是由黑洞直接转变过来的观点，也越来越引起各国科学家们的关注。

△ 白洞是否真的存在

由于白洞概念提出之后，用它可以解释一些高能天体物理现象，所以引起了不少天文学家对白洞的兴趣，继而他们也对白洞问题作了一些探讨和研究。

尽管如此，科学家们对白洞的兴趣还远远比不上像对黑洞的兴趣那样浓，对白洞的研究工作也远远比不上像对黑洞的研究那样广泛和深入，并且在观测证认工作方面，也不像黑洞那样取得了很大的进展。

总而言之，白洞学说目前还只是一种科学假说，宇宙中是否真的存在白洞这种天体？白洞是怎样形成的？我们的宇宙在它诞生之前是否就是一个白洞？等有关白洞的这一系列问题，还都是等待人们去揭开的宇宙之谜。

白洞与黑洞存在什么样的关系

白洞与黑洞是相辅相成的，是对立统一的。著名天文学家沈葹在《黑洞、白洞交相衬映》一文中对黑洞与白洞的相互关系作了如下论述："霍金着眼于黑洞，但他的假说或可给了黑洞、白洞相互转化之设想以便宜。当然此设想主要还是出于黑洞、白洞之对称性的思考；因为物质坍缩成一个中心奇点、与物质从一个中心奇点里爆发出来，本是相反相成的两个过程，所以从黑洞瞬即转化成白洞，似乎还是可能实现的。对于宇宙演化，我们且作如下尝试性解释。从广义相对论演绎得出的一种演化模式，把宇宙假设为从原始火球的大爆炸中诞生，接着便膨胀，胀到最大，再转变成坍缩，缩到最小；尔后又发生第二次爆炸及其胀、缩过程；如此循环反复。对此模式，可否把每次爆炸的原始火球看作为一个原始白洞，而它是上一次坍缩过程的终止黑洞瞬即转化来的。起始点和终止点就是这白洞和黑洞的中心奇点。"这段论述包含了深刻的辩证逻辑思想。

根据上述情况，可以得出以下结论：

第一，黑洞是宇宙间吸引的一种极端现象和形式，它的直接结果是"大坍缩"，与之相反，白洞则是宇宙间排斥的一种极端现象和形式，它的直接结果是"大爆炸"或"大膨胀"。两者缺一不可，紧密相连，相辅相成，相互转化，对立统一。

第二，黑洞与白洞是通过某种"极变机制"（虫眼机制等）相互转化的，由于这种相互转化的存在，使得量子阶梯中的所有物质现象得以产生、发展和消亡。在这个过程中，既没有一成不变的永恒事物，也没有只出现一次就永远绝灭的东西。产生了的东西会消亡，消亡了的东西又会产生，如此循环不止。

第三，黑洞与白洞的相互转化是宇宙演化最根本、最重要的动力根源。

它们两者的存在和转化，是"吸引和排斥这一个古老的两极对立"的生动体现，是万物变化最深层次的总根源。

黑洞就像宇宙中的一个无底深渊，物质一旦掉进去，就再也逃不出来。根据我们熟悉的"矛盾"的观点，科学家们大胆地猜想到：宇宙中会不会也同时存在一种物质只出不进的"泉"呢？并给它取了个同黑洞相反的名字，叫"白洞"。

科学家们猜想：白洞也有一个与黑洞类似的封闭的边界，但与黑洞不同的是，白洞内部的物质和各种辐射只能经边界向边界外部运动，而白洞外部的物质和辐射却不能进入其内部。形象地说，白洞好像一个不断向外喷射物质和能量的源泉，它向外界提供物质和能量，却不吸收外部的物质和能量。

白洞到目前为止，还仅仅是科学家的猜想，还没有观察到任何能表明白洞可能存在的证据。在理论研究上也还没有重大突破。不过，最新的研究可能会得出一个令人兴奋的结论，即"白洞"很可能就是"黑洞"本身！也就是说黑洞在这一端吸收物质，而在另一端则喷射物质，就像一个巨大的时空隧道。

科学家们最近证明了黑洞其实有可能向外发射能量。而根据现代物理理论，能量和质量是可以互相转化的。这就从理论上预言了"黑洞、白洞一体化"的可能。

要想彻底弄清楚黑洞和白洞的奥秘，现在还为时过早。但是，科学家们每前进一点，所取得的成绩都让人激动不已。我们相信，打开宇宙之谜大门的钥匙就藏在黑洞和白洞神秘的身后。

一两百亿年后宇宙可能崩溃吗

科学家们认为,虽然宇宙现仍在不断膨胀,而且膨胀速度在不断加快,但是它仍然会在达到目前年龄两倍的时候崩溃。斯坦福大学的安德烈·林第说:"几年前,没有人会认为世界末日会在今后100亿年到200亿年间到来,特别是自从我们知道宇宙正在膨胀加速以后。但现在我们发现,宇宙崩溃是绝对有可能的。"

1998年,天文学家们从遥远的超新星爆炸发现了宇宙膨胀正在加速的证据。这暗示着有某种"黑暗能量(Dark Energy)"正在推动宇宙的分裂。有关研究"黑暗能量"的大多数理论都认为,宇宙的加速膨胀是因为正好有一个与宇宙规模相当的斥力场正好通过宇宙,使宇宙加速膨胀。而在宇宙大爆炸结束后所发生的"暴胀"也是起因于类似的能量场。林第因这项理论而获得了狄拉克奖章。

科学家们曾假设,当宇宙膨胀的同时这种场的相互排斥力会降低,最终降到零。尽管这会使宇宙膨胀的速度放慢,但宇宙实际上永远都不会停止膨胀。但是林第表示,这种假设是错误的。他与同僚已经证明,根据一些超引力理论,这种来自量场的"黑暗能量"将不只会使膨胀速度降到零那么简单,它将会变成负量,甚至可能会变成负的无穷大。这种负的无穷大降低了宇宙膨胀的速度,然后会将宇宙转成相反的运行状态,引起宇宙空间和时间的崩溃,最后变成一个点。

林第和他的同事们计算出宇宙开始这种崩溃的大概时间,可能会是100亿年到200亿年之后。宇宙目前的年龄是140亿年。林第说:"这太令人惊讶了,我们正生活在宇宙的中年,而不是在它开始的阶段。"在崩溃论和膨胀论之间,我们看起来是很难预知宇宙的命运了。但林第表示,通过对超新星的观测以及对宇宙大爆炸后的宇宙背景辐射研究应该有助于我们解决目前所

吸引眼球的宇宙探秘

△ 宇宙最后的结局是什么

面临的疑惑。林第还说："看清楚未来不是件容易的事情，但还是可能的，我们不应该错过我们的机会。我们可能改变不了我们的命运，但我们的确应该知道命运到底是什么。"

英国剑桥大学的皇家天文学家马丁·瑞斯在这项理论上持保留而开放的观点。他认同未来宇宙崩溃是可能的。他说："因为我们不知道黑暗能量到底是什么，所以我们不能排除类似的假设，但是对极其遥远的未来所做的预测都只能算是一种猜测性的结果。"

宇宙真的无限大吗

我们每个人想必都会回答这个问题的答案。大多数人会说宇宙是无限大的。可事实的确如此吗？我们不妨用已知的客观事实得出的理论来一同分析一下。

从300万年前人类诞生一直到哥伦布环球航行成功为止，在这么长的时间里，我们的祖先一直都错误地认为陆地，海洋，天空都是无限大的。但是随着哥伦布环球航行的成功像一把重锤一样敲醒了当时愚昧的人们，几乎所有持错误观点的人都明白了，原来陆地和海洋是有限大的。

古往今来，宇宙（古人称天空）却还被我们认为是无限大的。根据上述观点我们当中有些人难免会对此观点产生质疑。我们为什么可以完全肯定宇宙是无限大的呢？我们又不能用直观的，有效的实际方法去施以证明。难道我们的论据就是："没有找到终点，所以就是无限大"吗？好比一只蚂蚁在地球的某角落里一直爬行，直到生命结束时也没有找到终点。老蚂蚁让子孙继续寻找终点。若干代过去了，蚂蚁家族们仍然没有成功。这时一个理所当然的"真理"在蚂蚁社会中形成了，它就是："没有找到地球的终点，所以是无限大的。"这个"真理"当作笑话听还是比较合适的。

在哥伦布环球航行成功之前，无知的人们也同样认为陆地和海洋是无限大的。其观点也是："没有找到终点，所以就是无限大。"当然人类绝非蚂蚁，所以由于科技的进步，人类后来能够完成环球航行，并以此来直观地，实际地，有效地证明了陆地和海洋是有限大的，所以持错误想法的人被不攻自破。我们来看一下当时人们的三种主要观点：

一、无限大论。"他们认为没有找到终点，所以就是无限大的。"这是当时科学界的主流观点，当然也被大多数人认为是正确的。但这在我们今天看来此观点显然是错误的。

二、有限大论。"科学天才用复杂的运算公式来证明地球是圆形的,且有限大。"我们今天看来他们确实说对了。但是这种正确的答案在当时只存在与理论上,而且又不能以一目了然的实际手段去证实它是否正确。这种下结论的方式未免太草率,所以此种方法不值得我们效仿。

三、说不清有没有尽头。在当时执此观点的人可能会被视为缺乏主见和不会判断问题的人。所以其可谓凤毛麟角,少得可怜。但现在头脑清醒的人看来最理性的选择非第三个莫属。因为我们要证明一件事物时,当不能直观地、有效地证明它是;也不能直观地、有效地证明它不是,我们认为在这个时候,最负责任的回答就是:"不清楚。"

再举一个例子:假如一所房子有两个房间,有三个人同时在其中一个空房间内,两个房间相隔的墙和门都是隔音的,并且十分坚固。这时他们三个人在讨论隔壁房间是否有人。讨论结果是三个人的观点各不相同。

第一个人说因为自己看不到对面有人,也听不到任何声音,所以认为隔壁一定没有人。(这时我们是否赞同他的观点呢?他只看到表面现象而不做进一步的思考。只因为自己看不到,听不到就认为对面没有人。有隔音墙的存在他当然既看不到也听不到了,难道他仅凭此观点就能判定对面没有人吗?我们当然觉得这种思考问题的方法很荒唐。)

第二个人说我们房间有人,所以对面房间也一定有人。(这种人思考问题是不是比较主观呢?用已知的观点直接去证明未知的观点。比如说这种人他认为自己喜欢粉色所以别人也喜欢粉色。他认为中国人经常吃米饭所以外国人也经常吃米饭。这种思维方式难道不是有些混乱吗?所以其推论出的答案也可能是错误的。)

第三个人说因为自己无法用直观有效的方法去证明它,所以我不知道另外一个房间是否有人。如果我们真想知道事情的真相,最理性的做法就是大家一同去努力寻找打开通向另外房间大门的钥匙。(我认为他说的观点颇有道理。其他两个人在没有确凿证据的情况下而随意下结论,这种做法不是对解决问题没有太大意义吗?不知道问题的答案,最好不要一如既往地在那里叫嚣,而是大家团结起来一同去寻找解决问题的办法。我认为这样做是较为理性的。)

现代关于宇宙大小观点的各种推论也和上述推论大同小异。认为宇宙是无限大的科学家及时使用再精密，再复杂的公式运算而得出的结论，那也主要是建立在假想基础上的（比如说爱因斯坦提出的"广义相对论"，当中有很多理论现代科学无法证实，因此科学界主要认为其是假想理论物理学，不是真理）。因为他们不能用现实的手段去证实，所以得出的结论也只属于"假想理论"。不会使人彻底信服。而那些认为宇宙是有限大的科学家更可谓井底之蛙。在他们眼中天空只有井口那么大，所以他们用这种思维方式而得出的结果更经不住我们仔细推敲。我个人认为以上两种观点是比较狭隘的。如果真想弄清完全正确的答案，最好的方法不是在学术讨论会上做无休止的争辩，而是一致团结起来，一同去寻找打开真相大门的钥匙。对于研究解决问题的办法来说，我们认为这样做才是最重要的。

所以到目前为止，对于"宇宙是无限大吗"这个问题，我们认为较为理性的回答应该是："不知道。"

我们认为，宇宙是平面中的一个点，而这个平面并不是无限大，这每一个像宇宙一样的点构成了一个圆球。

在宇宙这个一维的点中，存在着三维的空间，而地球只是这三维空间中的一个球体。

所以，宇宙是有限大的，当大到可以算做是宇宙平面的水平的时候，那么就进入了下一个宇宙点，这样在一层一层的进入后，我们发现，我们观测的到的还是原来的那个宇宙，因为宇宙点阵是在球体上，可以无限的点距离循环下去，这样就给人造成了一种宇宙无限的感觉。

恒星中的"矮子"——白矮星

白矮星，之所以说它"白"，是因为它的颜色呈白色。"矮"，自然是指它的体积了，它的体积非常矮小，由此得名白矮星。白矮星是一种低光度、高密度、高温度的恒星，属于演化到晚年期的恒星。根据现代恒星演化理论，白矮星是在红巨星的中心形成的。我们来看看白矮星的特点。

1844年，德国科学家贝塞尔根据天狼星移动轨迹的波浪形，推测出还存在着一个看不见的伴星。后来的观测证实，天狼星确是一个双星系统，伴星天狼B比主星暗1万倍，呈白色，质量1.05太阳质量，半径0.0073太阳半径，密度$3.8×10^6$克/立方厘米，这是最早发现的白矮星。白矮星光度低，不容易发现，已观测到的有1000多个，估计白矮星占恒星总数的5%。白矮星的绝对目视星等在8～16等范围内；有效温度大都介于5500～40000K之间，大多数呈白色，少数呈黄色甚至红色；质量跟太阳差不多，而其大小跟地球相仿；平均密度10^5～10^8克/立方厘米。白矮星可按光谱分为DA（富氢）、DB（富氦）、DC（富碳）、DF（富钙）、DP（磁白矮星）等次型。

白矮星具有如下特点：

一、体积小，它的半径接近于行星半径，平均小于10^3千米；二、光度（恒星每秒钟内辐射的总能量，即恒星发光本领的大小）非常小，要比正常恒星平均暗10^3倍；三、质量小于1.44个太阳质量；四、密度高达10^6～10^7克/立方厘米，根据白矮星的半径和质量，可以算出它的表面重力等于地球表面的1000万～10亿倍。在这样高的压力下，任何物体都已不复存在，连原子都被压碎了：电子脱离了原子轨道变为自由电子；五、白矮星的表面温度很高，平均为10^3℃；⑥白矮星的磁场高达10^5～10^7赫兹。

白矮星形成的原因：

当红巨星的外部区域迅速膨胀时，氦核受反作用力强烈向内收缩，被压

△ 恒星塌缩成白矮星

缩的物质不断变热，最终内核温度将超过1亿℃，于是氦开始聚变成碳。

经过几百万年，氦核燃烧殆尽，现在恒星的结构组成已经不再那么简单了。外壳仍然是以氢为主的混合物，而在它下面有一个氦层。氦层内部还埋有一个碳球。核反应过程变得更加复杂，中心附近的温度继续上升，最终使碳转变为其他元素。

与此同时，红巨星外部开始发生不稳定的脉动振荡。恒星半径时而变大，时而又缩小，稳定的主星序恒星变为极不稳定的巨大火球，火球内部的核反应也越来越趋于不稳定，忽而强烈，忽而微弱。此时的恒星内部核心密度已经增大到每立方厘米10吨左右，我们可以说，此时在红巨星内部已经诞生了一颗白矮星。

白矮星会变为中子星或黑洞吗

人们用肉眼观测夜晚的天空，天狼星无疑是最亮的恒星，古人曾认为它"主侵掠"。

天狼星的发光强度是太阳的26倍，是很普通的恒星。它距地球不足9光年，算是较近的。1834年，德国天文学家贝塞尔开始对天狼星进行细致的研究。贝塞尔发现它的"行为"很怪，运动路线欠规则。贝塞尔断定，天狼星不是独自一星，可能还有一颗伴星，而正是这颗伴星使可见的天狼星的运动路线呈非直线的轨迹。经过计算后，贝塞尔确定了天狼星的伴星的位置，不过他并未指望有人找到它。1862年，美国著名的仪器制造者克拉克利用观测天狼星来检验一架46厘米的新望远镜的性能。当他将镜头对准天狼星时，立即看到一颗暗淡的星，这就证明了贝塞尔的预言。然而真正使人惊讶的是，1915年英国天文学家亚当斯发现这颗星不是一颗"冰冷"的红色恒星，而是表面温度达8000℃的白色恒星。后来又进一步观测，发现它是一颗直径为3.8万公里的白矮星。同肉眼可见的天狼星相比，它的密度更高，达10000千克/立方厘米。

白矮星的引力很大，它使原子核排列极密，密度极高。有些天文学家认为，白矮星的结构很不稳定，其引力的作用可使白矮星进一步收缩，使它的密度更高，甚至变为中子星或黑洞。但是，这种说法并未被天文学界所普遍接受。

一般人都认为，白矮星是死去的星。但也有人认为，在条件适当的时候，白矮星会"死灰复燃"。在距离较近的双星系统中，其中的白矮星会吸收另一星的物质。吸收的氢气包围着白矮星，并形成氢气包。当温度足够高时，它就会发生热核反应并释放能量，这就是所谓的"新星爆发"。如果吸收的物质足够多，它是否会超过白矮星的质量极限（1.4M）而进一步演变成中子星呢？

星体互相吞食之谜

我们知道，宇宙中星体之间相距十分遥远，互相靠近的机会很少，但经过天文学家的观测和研究，发现星球之间也在互相吞食，互相残杀。科学家们把这类星球称为宇宙中的"杀星"。

美国天文学家就发现了这样一颗"杀星"。这两颗恒星本来是一对双星，都已进入晚年，均属白矮星。两个星球体积很小，可质量要比太阳大得多。经观测发现，这两颗星体靠得很近，相互围绕对方旋转运动。其中一颗大的恒星，时刻都在吞吃比它小的那一个。大恒星把小恒星的外层物质剥下来吸到自己身上，使自己越来越胖，体积和重量不断增大。而那颗被吞食的恒星，逐渐变得骨瘦如柴，只剩下一个光秃秃的星核。

不但星体之间存在着互相吞食的现象，星系之间也在互相吞食和残杀。现在有一种理论认为，宇宙中的椭圆星系就是由两个漩涡扁平星系互相碰撞、混合、吞食而成。有人曾用计算机做过模拟实验：用两组质点代表星系内的恒星分布在两个平面内，由于引力作用以一定的规律相向而行，逐渐趋于混合在一定条件下，两个扁平星系经过混合的确能发展成一个椭圆星系。

在宇宙中除漩涡扁平星系和椭圆星系外，还有一种环状星系。天文学家们发现，这类星系从外形看，恒星分布在环状圈内。有时环中央没有任何天体，有时有天体，有时环上还有结点。有人认为，这种环状星系的形成是由两个星系碰撞、互相吞食的结果。环中心的天体和环上结点，就是相互吞食后留下的痕迹。

不仅如此，加拿大天文学家利·门迪通过观测还发现，某些巨椭圆形星系，其亮度分布异常，好像中心部位另有一个小核。他认为，这就是一个质量小的椭圆星系被巨椭圆星系吞食的结果。

前面说过，天体之间、星系之间距离都非常遥远，碰撞和吞食的机会很少。所以要想证实以上说法能否成立，还需一定的时间。

吸引眼球的宇宙探秘

何谓总星系

总星系并不是一个具体的星系，而是指用现有的观测手段和方法所能观测和探测到的全部宇宙空间范围。

现在研究认为，总星系半径为200亿光年，年龄为200亿年，所包含的星系在10亿个以上。从目前的认识水平来说，包括这些星系在内的总星系物质在运动和分布上是均匀的，也不存在任何特殊的方向和位置。也就是说既没有发现总星系的核心和边缘，也没有发现运动的特殊趋向。

总星系所含的物质中，最多的是氢，其次是氦。

总星系的结构、演化是宇宙学研究中的根本问题之一。

银河系里有多少颗星星

其实在赫歇尔之前，也还有一些人想过银河到底是怎么回事。英国有一个天文学家叫赖特，他想象宇宙是一个球，在这个球上星的分布是不均匀的，在球上的一条带上恒星比较聚集，而球的中间就是我们地球。1750年，他发表了一篇论文。但是5年以后，哲学家康德不同意赖特的这个观点。他有另外一个想法，他说这些行星组成的一个系统，就好像现在扔的铁饼，如果我们处在铁饼中心，我们向着铁饼盘面的四周方向看，恒星就应该很密集，但是向着铁饼盘面的上方和下方看，星就应该少。所以康德不同意银河系是一个圆球状分布的带，而认为银河系是像铁饼形状的一个带。但这毕竟是一个哲学家的思考，哲学家思考是要靠推理的，这个推理非常有道理。

于是，赫歇尔就来分析他们谁说得对。赫歇尔的工作跟哲学家的工作不一样。哲学家靠推理，天文学家靠观测，而且这个观测做得非常笨。什么意思呢？他得数天上的星星。城市里灯光多，我们看不见几颗星，大家如果数星星的话很容易数清楚。但是到了一个很黑暗的地方，你就数不清了，因为星星太多了。赫歇尔的工作是用望远镜来数星星。人家知道，在望远镜里看到的星星太多，那么赫歇尔数了多少颗星星呢？17万多颗，真是一个非常辛苦的工作。这项工作他做了很多年，他把天空划分为300多个区，然后来数每个区有多少星。这样计算出来以后，他就可以构建一个银河系的模型。赫歇尔构造出的银河系模型，长度跟宽度的比应该是4∶1，也就是说长的方向是4的话，宽度的方向就是1。在这个银河系中，太阳在银河系中心的附近。到了1785年，人类才真正对银河的认识有了突破，"银河"从河流这个概念变成了一个星系——恒星所组成的一个系统。银河系的认识过程挺不容易，从一个美丽的传说到真正变成一个恒星的系统，中间几乎经过了2000多年。

吸引眼球的宇宙探秘

银河系有一个神秘的旋臂吗

地球上的人类认识银河系其实是比较困难的，为什么呢？借用一句苏轼的诗来说就是"难识银河真面目，只缘身在此河中"。因为我们自己在银河系里，所以认识银河系是很困难的。例如我自己是一个智能的红细胞，我在身体里可以随着血液去循环，我作为智能的红细胞，可以认识人身体中的器官。但是，这个人的外貌是什么样？我说不出来，因为我在人的身体里，只是一个红细胞而已。人类现在认识银河系的困难也在这里，我们自己在里面，不知道它是什么形状。我们看到的河外星系，即其他的星系也是漩涡状的，那么我们就可以来反推自己的银河系也是一个漩涡状的星系。那么银河系有多大呢？直径大概是10万光年。太阳距离银河系的中心是27000光年。银河系的主要结构是核心，叫做银心，银心以外是银盘，也就是刚才我们说的盘面的结构。银盘的直径是10万光年。银盘的外围叫银晕。

此外，银河系是有旋臂的。什么叫旋臂？银河系的盘的结构不是像铁饼那么一个板块，而是漩涡结构。如果我们自己在银河系里要想看到旋臂的话，那是非常困难的。大家在晚上都看到过银河，把看到的银河想象成一个恒星系统已经是比较困难了，如果还想在银河里找到旋臂的话，那就更困难了。这是为什么呢？因为我们的银河系里还有看不见的暗的物质，它挡住了光，所以看不见。这时候要想认识后面的星就很困难，但是这难不住天文学家。有很多聪明的天文学家，他们看到在别的星系里，也有这样的漩涡星系。那么漩涡星系的旋臂上是一些什么星呢？是一些蓝颜色的很热的星，而这些星只在旋臂上出现。这样天文学家就受到启发，他们观测银河系里那些温度特别高的星，就是发蓝、发白的星。观测的结果就是找到了旋臂。但是，人们找到旋臂已经是1951年以后了，所以认识银河系其实是在20世纪才有了比较大的进展。

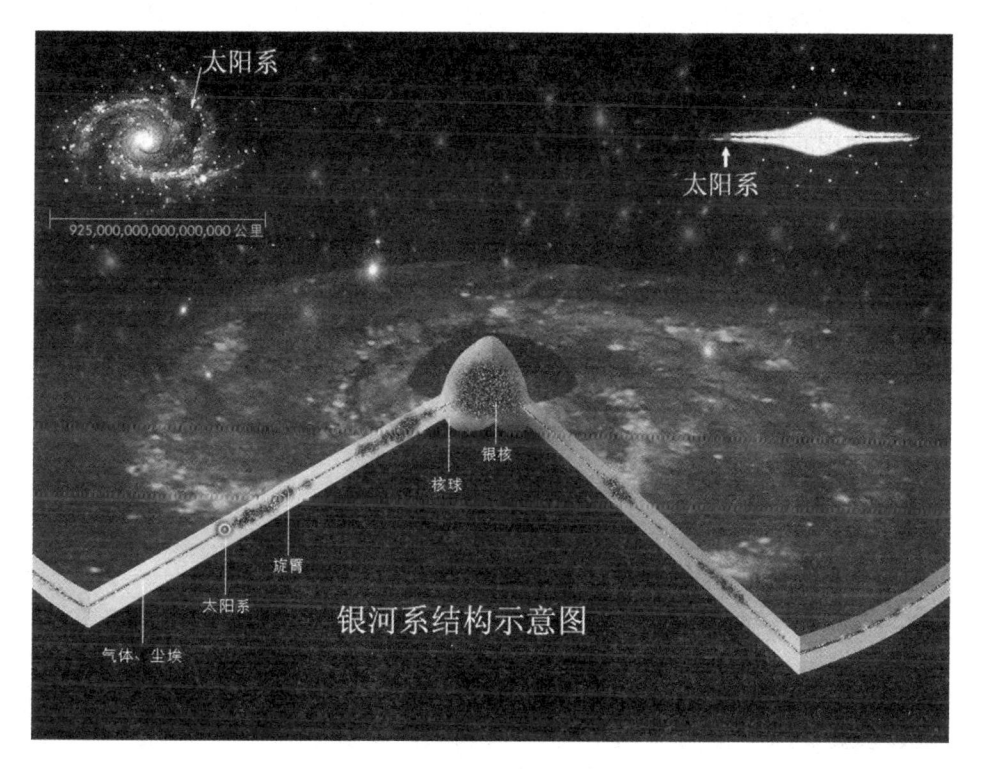

△ 图中左上为俯视银河系时太阳系的位置，右上为银河系剖面中太阳系的位置，中间为银河系的结构。

20世纪50年代出现了射电天文学，射电天文学就是用无线电望远镜来接收来自天体的无线电波。接收了无线电波，就可以分析天体的情况了。往银河系的旋臂上，发射一种特别的无线电波，波长是21厘米。如果有一个射电望远镜，能观测到21厘米的波段的话，就能解开银河系旋臂之谜。经过了天文学家的观测，证实光学的观测是对的。于是人们认识到，银河系其实和别的漩涡星系一样有旋臂。在20世纪20年代，科学家还观测了很多漩涡星系。这个时候就提出两个问题：第一个问题，这些漩涡星系是在银河系里，还是在银河系之外？第二个问题，我们观测到的这些漩涡星系基本上都不在银河附近，而是在离银河比较远的地方，这是为什么？天文学家沙普利解释说，这些星云其实都在银河系里。但是美国天文学家柯蒂斯不这么认为，他认为这些漩涡星系一定是离银河系比较远的，于是他就重点观测了仙女座星云。当时柯蒂斯估计，仙女座星云有50万光年，而银河系大小是10万光年左右，因此50万光年肯定在银河系之外了。但是沙普利不同意,这一场辩论在天文学上叫做"伟大的辩论"。为什么叫"伟大的辩论"呢?太阳不是银河系的中心,而银河系在众多的星系里,也是一个很普通的漩涡星系。所以这样一个结果意味着不但太阳不是银河系的中心,而且银河系也绝不是宇宙的中心。这样大家就明白了,其实我们生存在一个很大的恒星系统里,这个恒星系统叫做银河系。但是这个银河系其实在宇宙中还是一个很普通的星系。

那么银河系这个漩涡星系为什么会有旋臂?有一种理论认为,在银河系里有一种密度波,而旋臂就生存在密度波密集的时候,即密集的波传到旋臂的时候,就形成了恒星密集的旋臂。实际上太阳有时候就在旋臂里,有时候又出去了。那么有没有观测证据呢,是什么样的观测证据呢?我们知道太阳系中有八大行星,那么八大行星中间的空隙里是什么?我们过去认为是行星际物质。当太阳在银河系的旋臂里穿梭的时候,银河系旋臂里那些物质就会进入到太阳系。因此我们在太阳系里发现很多不是太阳系的物质,即行星际的物质。太阳在旋臂里有时候穿进去,有时候穿出来,这个就叫做密度波理论。

密度波理论可以很好地回答为什么会形成旋臂。但是旋臂还有一件非常有意思的事情——旋臂是银河系里新的恒星诞生的摇篮。每年,银河系都会有新的恒星生成,不断地有新的生成、老的死去。每100年至少会有一颗星老化,但是新生的星每年就会有10颗左右。那么这样一些新生的星出现在什么地方呢?就出现在银河的旋臂上。为什么呢?因为密度波走到旋臂的时候,它压缩星系的物质使得恒星的形成成为可能。

银河系到底有多大

夏夜的晴空，银河高悬，像一条天上的河流，故此有"天河"、"河汉"之称。西方人称它为"牛奶路"。在中国境内，可以看到银河自天蝎座起，经人马座特别明亮的部分，到盾牌座而止。

银河那雾霭茫茫的景象自然会引起诗人无限遐想，但是天文学家却一直难见其庐山真面目。17世纪，伽利略首先用望远镜观察银河。他发现，这是一个恒星密集的区域。后来英国人赖特提出了银河系的猜想，并具体描绘出了银河系的形状。他假定，银河系像个"透镜"，连同太阳系在内的众星位于其中。

18世纪，英国天文学家赫歇尔父子对赖特的猜想进行了验证。他们发现银河系中心处恒星很多，而离中心越远恒星越少。他们的观测表明，银河系确是一个恒星体系，并且其范围是有限的，太阳靠近银河系中心。他们估计，银河系中有3亿颗恒星，其直径为8000光年，厚1500光年。

荷兰天文学家卡普亭的观测进一步证实了赫歇尔父子关于银河系形状的观测结果。1906年，他估计银河系直径为23000光年、厚6000光年；1920年，他测算的银河系直径为55000光年，厚11000光年。这一结果比赫歇尔父子的测算结果大了400倍。

1915年，美国天文学家卡普利研究了许多球状星团的变星，发现太阳并不在银河系中心，而距那里约5万光年，并朝向人马座，银河系直径有30万光年。

20世纪80年代，人们测得的银河系数据是，质量相当于2000亿个太阳的质量，直径为10万光年，厚2000光年，太阳距银河系中心2.5万光年。

吸引眼球的宇宙探秘

银河系究竟有没有漩涡结构

20世纪30年代，人们开始破解银河系漩涡状结构之谜。到了20世纪40年代，荷兰科学家赫尔斯特认为冷氢能发出一种射电辐射。可惜当时被德国占领的荷兰，科研工作陷于停顿，赫尔斯特没能对这一问题作进一步的研究。到1951年，探测这种辐射的工作由美国天文学家尤恩和珀塞尔完成。

这项探测工作非常重要，科学家们在测定氢云的分布和运动的基础上发现了银河系的螺旋结构，又进而发现许多河外星系也是螺旋结构。

到现在为止，人们已发现银河系有四条对称的旋臂，其中的三条是靠近银心方向的人马座主旋臂、猎户座旋臂和英仙座旋臂。太阳就位于猎户座旋臂的内侧。20世纪70年代，人们通过探测银河系一氧化碳分子的分布，又发现了第四条旋臂，它跨越狐狸座和天鹅座。1916年，两位法国天文学家绘制出这四条旋臂在银河系中的位置，这是迄今最好的银河系漩涡结构图。

为什么银河系会存在漩涡结构呢？通常的观点认为是由于银河系的自转。20世纪20年代，荷兰天文学家奥尔特证明，恒星围绕银心旋转就像行星围绕太阳旋转一样，并且距银心近的恒星运动得快，距银心远的运动得慢。他算出太阳绕银心的公转速度为每秒220公里，绕银心一周要花2.5亿年。

不过，也有持不同观点者。1982年，美国天文学家贾纳斯和艾德勒发现，银河系并没有漩涡结构，而只是一小段一小段的零散旋臂，漩涡只是一种"幻影"。

银河系究竟有没有漩涡结构？是大尺度连续的双臂或四臂结构，还是零散的局部旋臂？这还都需要我们进一步去探索和研究。

银河系存在大型黑洞的新证据

科学家认为,宇宙中每个星系的中央一般都盘踞着一个巨大的黑洞,银河系也不例外。美国天文学家通过观测银河系中心附近三颗恒星的运动,进一步证实了银河系中心附近存在一个大型黑洞。

黑洞是由一颗或多颗行星坍缩形成的致密天体,引力极强,在它周围被称为"事件视界"的区域里,连光也无法逃逸,因此无法直接观测到。但黑洞周围的物质在被吞噬时,温度会升得极高,释放出大量X射线。通过观察这些射线,就能确认黑洞存在。

科学界普遍认为,银河系中心附近的一个特殊射电源——半人马座a可能是一个大型黑洞,它的质量约为太阳的260万倍,离地球约2.6万光年,尺寸与太阳到火星的距离相当。美国加利福尼亚大学洛杉矶分校的科学家在英国《自然》杂志上报告说,他们找到了表明半人马座a射电源是黑洞的新证据。

从1995年起,科学家使用设在夏威夷冒纳凯阿火山上、口径为10米的"凯克"望远镜,对该射电源附近的三颗恒星进行了历时4年的观测。他们通过短时间曝光降低地球大气湍动造成的图像抖动,从而较为精确地观察恒星位置的变化。结果发现,这三颗恒星绕该射电源运行的向心加速度很大,表明射电源对它们有极强的引力作用。这意味着,该射电源很有可能是一个巨大的黑洞。

吸引眼球的宇宙探秘

最新研究显示银河系中地球兄弟众多

根据科学家对太阳附近其他恒星所发光线的最新一项研究显示，虽然以人类目前的技术还不能发现它们，但在我们的星系中的确存在着几十亿颗类似地球的行星。

加拿大天体物理学院的诺曼穆雷博士称他所研究的恒星中，有一多半都包含一种坚硬的富含铁质的物质。根据这一现象，科学家们完全有理由认为这些恒星周围一定有一些物质在环绕它们运转，而这些物质的大小可能会和地球差不多。科学家们正使用一切技术对太空中的星进行观测，目前为止除了太阳系以外，在其他恒星周围发现的行星只有55个，而这55个行星中绝大多数都是体积非常庞大而且运行轨迹不同寻常的星体。天文学家认为要想发现地球般大小的行星必须使用新的技术和下一代的望远镜。但一种间接的统计方法可以表明在我们的星系中实际上存在着很多较小的行星。

穆雷博士对450多颗和太阳一样进入中年的恒星进行了观测，其中有20颗已经进入了老年期。所有这些恒星与地球间的距离都在325光年以内，对它们进行分析后发现很多恒星光球中，或是它们的"表面"有很多铁质。根据科学家们对太阳系的研究可以得出以下结论，这些铁质很有可能是由于那些围绕该恒星运转的小行星在运转过程中受到重力影响而脱落的。

穆雷博士强调说现在还没有直接证据证明这些恒星周围就存在着地球大小的行星，但根据模拟测试，如果在一个星系中存在足够的陆地物质的话，最终肯定是会形成地球般大小的行星。

鹿豹座之谜

鹿豹座位于天球北部，它周围有小熊、仙王、天龙、大熊、天猫、御夫和英仙座。它是一个很大的"瘦高挑"型的星座，但其中都是比4等星更暗的星，而且一般在南纬7度以南地区的居民看不到这个星座。

每年12月23日子夜，鹿豹座的中心经过上中天。远观鹿豹座，其长颈鹿形的身上有类似于豹子身上的斑点，其头、蹄子也和鹿相似，因此我国早期将其翻译为"鹿豹"。在托勒密时代的星座表中没有鹿豹座的名字，这是少数没被古人注意到的星座之一，曾经被称为"缺席的星座"。鹿豹座的一部分相当于我国古代星空划分中紫薇右垣的一部分。据有关学者考证，鹿豹座最早出现在1613年荷兰神学家普朗修斯所创制的天球仪上。

鹿豹座最亮的星是鹿豹座β星，中文名"八谷增十四"，其视星等为4.03等，距离地球约1700光年，是颗G0型超巨星，其光度是太阳光度的5000倍。据观测表明，它实际上是双星，其主星的视星等为4.0等，伴星为8.6等。鹿豹座中有一个很容易分辨的疏散星团，编号为NGC1502，用双筒望远镜就可以观察到。编号为NGC2403的是个比较明亮的SC型漩涡星系，其视星等为8.4等。编号为IC342的是一个SBC型棒旋星系，视星等为9.2等。鹿豹座α星中文名"少卫"或"紫微右垣六"，视星等为4.29等，光度为太阳的25000倍，距离地球约4100光年。

距离鹿豹座α星不太远的NGC1961是个视星等微1.1等的SB型漩涡星系，且在这个星系中恒星形成速度比我们银河系中恒星形成的速度要快10倍以上。

能够爆发的新星

有时候，在某一星区突然出现了一颗从来没有见过的明亮星星！然而仅仅过了几个月甚至几天，它就渐渐消失了。这种"奇特"的星星叫做新星或者超新星。在古代又被称为"客星"，意思是这是一颗"前来做客"的恒星。

新星是一类能够突然爆发的恒星，爆发时会向外抛射大量物质，光度能暂时上升到正常时光度的数千倍乃至上万倍。在爆发后的几个小时内，新星的光度就能达到极大，并且在数天或数周内保持较高亮度，随后又会缓慢地恢复到原来的亮度。

长期以来，人们一直认为新星是从宇宙中新产生出来的天体，直到19世纪末，这一想法才有所改变。那时照相方法已经引入天文观测，人们对整个天空进行了巡天照相。由于照相底片能够累积光线，所以较暗的星经过长时间曝光，在底片上也能显现出来。人们在照相的星图上发现，新星出现以前，在那个位置上早已存在着星星，只是由于光线太暗，我们用肉眼看不见罢了。当新星最为明亮期过后，在新星"消失"的位置上，用照相方法仍可观测到那颗星星。这时，人们才正确地认识到新星并不是新诞生出来的星。

新星出现时极其明亮。1918年，天鹰座出现一颗新星，亮度达−1.1等，在天空中成为仅次于天狼星的第二亮星。一般的新星的亮度也达到1等星。新星出现前，它的亮度很暗，都在肉眼视力范围之外，而肉眼能看到的最暗星是6等星。新星发亮前后，亮度变化可以达到7～16等星。像1975年天鹅座出现的新星，亮度变化达19个星等，星等相差1等，亮度相差2.5倍。新星发亮前后，亮度可以剧增几百万倍至几千万倍。究竟是什么原因使恒星亮度剧增呢？

人们用光谱分析的方法研究了新星的光谱，发现在新星亮度极大时，光

△ 新星爆发

谱线向紫端移动，表明新星外层大气向观测者方向移动。由谱线位移可以计算出，新星向外膨胀的速度为1000千米/秒以上。这样巨大的膨胀速度说明什么呢？说明新星在"爆炸"。由于新星的爆炸，使新星的亮度骤然剧增几千倍。

新星的命名通常是在新星的星座名称前面加N，在后面加爆发年份。如nuer1934，表示在1934年武仙座新星爆发。随后新星被纳入变星的命名系统，如1934年武仙座新星即武仙座DQ。在银河系中，目前已观测到的新星约200个，最早作光谱研究的新星是北冕座T（1866年），但后来知道它是再发新星。用照相方法研究的第一个新星是御夫座T（1891年）。有最完整光学观测资料的新星是武仙座DQ（1934年）。人类自古代起就有关于新星爆发的历史记载，中国古代有极丰富的新星观测记录。

据史料记载，首位观测到新星的人叫做喜帕恰斯，他曾在公元前134年在"天蝎星座"附近发现过一颗新星。关于这一发现，我们很难确认，因为它

45

只是在两个世纪以后,由罗马作家布莱梅记录下来的事情。

2世纪初,古希腊的天文学走向了低谷。在这之后,世界上最优秀的天文学家出自中国,他们在2世纪初到12世纪之间发现了一系列的新星。所有这些星体都非常亮。1006年,他们发现了一颗比金星亮200倍的新星;后来又在1054年发现了另一颗新星,其亮度是金星的2~3倍。

仙女星系(M31)中至今已发现200多个新星。M81、M33、大麦哲伦星系(LMC)、小麦哲伦星系(SMC)等不少星系中也找到了新星。在不同的星系中,新星出现的频数大不相同。据估计,银河系每年50个,M31每年29个,有些星系每两年一个。一般说来,以Sb星系的频数为最高。

关于新星的模型,20世纪50年代以前人们多主张单星模型,1954年发现新星武仙座DQ有交食周期,而周期很短(4小时多),所以不少人考虑,也许新星大多是甚至全部是密近双星。20年来已发现好几个新星是双星。目前多数人认为新星的一个子星是冷的红星,而另一个子星是热的、体积小得多的简并矮星。在演化过程中,当冷星充满了临界等位面,便发生质量交流,气流通过内拉格朗日点流向热星。于是围绕热星形成一个吸积盘,其中小的热星可以认为是白矮星,它是新星的爆发源。比较大的冷星抛射出的富氢物质,部分为白矮星所吸积。随着吸积过程的发展,在白矮星的表面形成了一层富氢的气壳层,气壳层的底部将受到越来越大的压力并被加热,一直达到氢燃烧反应所需要的点火温度,这时就可能发生热核反应导致星体爆发。另一方面,单个白矮星吸积星际物质后发生新星现象的可能性,在理论上也是成立的。

可以用肉眼看到的恒星

人类肉眼能够看到的星星总共有6000多颗，除了太阳系内的八大行星和流星、彗星之外，都是恒星。它们之所以被称为"恒星"，是由于在很长的时间内，用肉眼看不到他们相互之间的相对位置有什么改变。其实，它们也都在运动，只是由于离我们非常遥远，用肉眼觉察不到罢了。恒星都是气体球，没有固态的表面，气体依靠自身的引力聚集成球体。

恒星区别于行星的一个最重要的性质是它们像太阳一样自己依靠核反应产生能量，而在相当长的时间内稳定地发光。太阳也是一颗恒星。其他的恒星，也是因为离我们非常遥远，看上去才只是一个闪烁的亮点。离开我们最近的恒星，与太阳相比，距离也要远27万倍。

自古以来，为了便于说明研究对象在天空中的位置，都把天空的星斗划分为若干区域。在我国春秋战国时代，就把星空划分为三垣四像二十八宿，在西方，巴比伦和古希腊把较亮的星划分成若干个星座，并以神话中的人物或动物为星座命名。

1928年，国际天文学联合会确定全天分为88个星座。宇宙空间中估计有数以万亿计的恒星，看上去好像都是差不多大小的亮点，但它们之间有很大的差别，恒星最小的质量大约为太阳的百分之几，最大的约有太阳的几十倍。

由于每颗恒星的表面温度不同，它发出光的颜色也不同。科学家们依光谱特征对恒星进行分类，光谱相同的恒星，其表面温度和物质构成均相同。

恒星的寿命也不一样，大质量恒星含氢多，它们中心的温度比小质量恒星高得多，其蕴藏的能量消耗比小恒星更快，故过早地夭折，只能存活100万年，而小质量恒星的寿命要长达1万亿年。

夜晚的星空，粗略看起来星星都是亮晶晶的，但仔细看来有的发红、有

△ 恒星

的发黄、有的发蓝，也有的发白。我们有这样的常识：蓝白色的火焰温度高，红色的火焰温度低。天上的星星也是如此，它们的不同颜色代表表面温度的不同。

一般说来蓝色恒星表面温度在10000K以上，如参宿七、水委一和轩辕十四等。白色恒星表面温度在11500～7700K，如天狼星、织女星、牛郎星、北落师门和天津四等。黄色恒星表面温度在6000～5000K，如太阳、五车二和南门二等。

红色恒星表面温度在3600～2600K，如参宿四和心宿二等。

恒星也有自己的生命史，它们从诞生、成长到衰老，最终走向死亡。它们大小不同、色彩各异，演化的历程也不尽相同。

恒星诞生在庞大的、较冷的分子尘埃和气体云中。在像银河系这样的漩涡星系里，这类分子云多达数千个。分子云的主要成分一般是氢和氦。当气体云的密度在外界的影响下增大到一定的程度时，云中的某些部分在引力的作用下开始向内收缩，气体和尘埃开始聚集到一起，同时气体团开始缓慢自转。这一过程所需的时间取决于恒星的大小，从1～1000万年不等。气体云最初的收缩是由邻近恒星的爆发或掠过的星系产生的冲击波压缩分子引起的。

体积微小的小行星

小行星是指那些围绕着太阳运转、但体积太小而不能称之为行星的天体。最大的小行星直径也只有1000千米左右，微型小行星则只有鹅卵石一般大小。直径超过240千米的小行星约有16个。它们都位于地球轨道内侧到土星的轨道外侧的太空中，而绝大多数的小行星都集中在火星与木星轨道之间的小行星带。其中一些小行星的运行轨道与地球轨道相交，曾有某些小行星与地球发生过碰撞。

小行星是太阳系形成后的物质残余。有一种推测认为，它们可能是一颗神秘行星的残骸，这颗行星在远古时代遭遇了一次巨大的宇宙碰撞而被摧毁。但从这些小行星的特征来看，它们并不像是曾经集结在一起。如果将所有的小行星加在一起组成一个单一的天体，那它的直径只有不到1500千米——比月球的半径还小。

我们对小行星的所知大多是从研究坠落到地球表面的陨石而来。那些进入到地球大气层的小行星称为流星体。流星体高速飞入大气，其表面与空气摩擦产生极高的温度，随之汽化并发出强光，这就是流星。如果流星没有被完全烧毁而坠落到地面，就是陨星。

大约92.8%的陨星的主要成分是二氧化硅（即普通岩石），5.7%是铁和镍，其他的陨石是这三种物质的混合物。含石量大的陨星称为陨石，含铁量大的陨星称为陨铁。因为陨石与地球岩石非常相似，所以一般较难辨别。

1801年，意大利天文学家皮亚齐发现了一个新行星，命名为谷神星，它距太阳2.77天文单位，但因它的体积和质量太小，不能与大行星为伍，故称为"小行星"。以后几年里，人们又发现了另外三颗较大的小行星，它们是智神星、婚神星和灶神星。

随着19世纪后期照相技术在天文学上的广泛应用，使发现的小行星的

49

数目急速增加。从1925年起，新发现的小行星算出轨道后，要经过两次以上的冲日观测，才能赋予永久编号和专用名称，有的小行星用古代西方神话中的人物命名，有的则由发现者给予其他名称。目前有永久编号的小行星已达3000多颗。

小行星虽然很小，但是它们在以往的天文学研究中却曾起过重要的作用。譬如，1873年，德国天文学家伽勒利用8号花神星冲日；1877年，英国天文学家吉尔利用4号灶神星冲日测定日地距离，都得到了精确的结果。1930～1931年，433号爱神星大冲时，国际天文学联合会组织了空前规模的国际联测，得到了三角测量所能达到的最精确的日地距离——14958万千米。

利用小行星还可以测定行星的质量。当某一颗小行星接近大行星时，大行星对它的摄动作用必然影响其轨道，从其轨道的微小变化中可以算出行星的实际质量。1870年，天文学家利用29号爱姆菲特列塔接近木星时所测得的木星质量为太阳质量的1/1047，今天天文学家仍在采用这个数。水星、金星、土星、火星等行星的质量均是用小行星测定的，测出的值有相当高的准确度。

为了改进和提高星表的精度，国际天文学联合会组织十几个天文台对谷神星等10颗小行星进行长期的监测和计算，从实际的数据及已知的轨道根数求得黄道和天赤道的准确位置。

小行星还为研究太阳系起源和演化提供了重要线索。按照现代太阳系形成理论，太阳系是在46亿年前由一团混沌星云凝聚而成的；而当初星云形成太阳系的具体过程已无法从地球或其他行星上找到痕迹了，只有小行星和彗星还保留着许多太阳系形成初期的状态，因此它们被天文学家称为太阳系早期的"活化石"。

另外，小行星的研究对于发展人类航天事业、保护地球环境、开发宇宙等都有重要的意义。特别是近地小行星，它们即是潜在的矿物资源，又是小行星中最容易实现的航天近探的目标。

天狼星为何会变色

在古代的巴比伦、古希腊和古罗马的书籍里，记载的天狼星是"红色的"，但今天人们发现的天狼星却是一颗白色的星。天体历史学家们认为，是由于天狼星接近地平线的缘故。接近地平线的星球，呈现红色，其他时间呈白色，就像朝阳和落日一样。

德国天文学家认为，天狼星的变色不一定是视觉的错误，可能是天狼星发生的重大变化。

1962年，美国天文学家克拉克已发现天狼星是一颗双星。主星（称为天狼星A）是一颗普通的白星，其亮度非常微弱；伴星（称为天狼星B）是一颗白矮星。由此可以看出，天狼星的颜色是由天狼星B起主导作用。从现有的星球演变理论得知，白矮星是天体中一种变化较快的巨星，其前期阶段是红巨星。这主要是由于它内部的"燃烧"变化，致使星球的外壳膨胀而造成的。其后，它逐渐失去自己膨胀的外壳，大约需要几万年，它才变成一颗白矮星。简言之，白矮星是由红巨星演变而来。

但令人惊讶的是，天狼星B的演变速度竟如此之快，仅在2000年左右的时间里，就发生如此重大的演化：从红巨星变成了白矮星，这在恒星演化史上却是绝无仅有的。

照天狼星的这个变化速度，在不久的将来，它又会变成一个什么呢，会成为宇宙的一个黑洞？不管怎样，天狼星的变色之谜和它的未来，还得靠科学家的帮助才能得知。

流星为何会发出声音

1906年12月1日，托波尔斯克城的一位居民在流星飞过时，听到一阵刺耳的沙沙声。

1929年3月1日，塔尔州切列多沃村居民先听到一阵响声，随后整个房子都被照亮了，过了一会儿，又听到一声巨响。

最叫人难以理解的是：有些人还能听到流星的声音，而另一些人却什么也听不到。例如，1934年2月1日一颗流星飞临德国时，25个目击者中只有10个人听到了啾啾声和嗡嗡声。1978年4月7日清晨，一颗巨大的流星飞过悉尼的上空，1/3的目击者在流星出现的同时听到了各种各样的声音，其余2/3的人则声称流星是无声的。

苏联一位著名的地质学家、地理学家、天文学家德拉韦尔特给这种奇怪的流星起了非常恰当的名字：电声流星。

现在，科学家们都一致承认电声流星是客观存在的，但它的秘密至今还没有揭开。一些专家认为，所有这一切都是由流星飞行时所发出的电磁波引起的。这些电磁波以光速传播，一些人的耳朵能够通过至今还未知的方式把电磁振荡转换成声音，并且每个人听到的声音也不同，而对另外一些人来说，则什么也听不见。除此之外，还有一些假说，如静电假说（流星与地面之间的一种振荡放电）、超短波假说以及等离子假说等。

要想揭开流星发声这个谜团并不是一件很容易的事，但我们相信不久的将来一定会真相大白。

彗星活动与地震有关吗

数百年来，人们依然把彗星看作一颗大灾星。世人把地球上发生的大灾难都归罪于彗星。战争、瘟疫、洪水、地震都说成是彗星搞的鬼。

据调查，当地球上发生大地震的时候，正好是彗星离地球最近的时候。

1920年12月16日，我国海源发生了8.5级地震，这是一次本世纪以来最大的地震，而天文学家们发现Ⅲ号彗星正好在1920年12月17日距地球最近，约为1.88个天文单位。在海源地震以前，智利、千岛群岛等地发生了好几次7～8级地震。

1976年7月28日，我国唐山发生了大地震，在这前后的5月底到8月中旬，还先后发生了6次7级以上的地震。同年8月16日，在菲律宾发生了8.1级地震。据调查，1976年彗星从6月开始接近地球，在7月、8月、9月三个月的时间内距地球都很近，只有0.125～0.3个天文单位。2000年来，每当地球上频频发生地震时，在地球附近游弋的彗星也明显增多。

英国著名天体物理学家霍伊尔认为，彗星有可能还含有病毒类的微生物，几十亿年前正是彗星把病毒或细菌传播到地球上，才使地球开始有了生命。有些人还认为，一些传染病，如1968年全球流行的香港型流感和中世纪的几次大瘟疫，很可能与彗星经过地球时带来的病毒有关。

彗星真的可以引发地震吗？人们虽然拿不出确凿的证据证明，但对此一直怀疑很大，关于这个问题还有待科学家进一步探索。

地球瘟疫来自于彗星吗

1664年，人们观察到一颗彗星，那一年英国伦敦流行鼠疫，短短数个月内，竟有几十万人死于此病。

1825年，埃及人看到一颗彗星，在那段日子里，成千上万头牲畜倒毙于地。

1918～1919年流行于欧洲的大流感也与一颗彗星有关，这次流感致使3万多人丧生。

每逢彗星出现时，地球就会发生瘟疫的观点是英国两位杰出的天文学家维克拉马兴格教授和霍伊尔爵士首先提出的，他们声称，星际空间中充满微生物尘埃。彗星在太阳系诞生时，由星际微生物尘埃、病菌和冻结气体混合而成。彗星进入太阳系，有些尘埃落入地球的大气层，从而导致地球上发生瘟疫。哈雷彗星环绕太阳一周需时75～78年，1957年，亚洲型流感蔓延全球，在之前77年也蔓延过一次。他们认为此病突然流行是这颗彗星带来一团团尘埃所致。

世界卫生组织宣布天花已彻底扑灭，但是这种传染病过去似乎每隔几百年就流行一次，霍伊尔和维克拉马兴格因而认为天花还会再度出现，它是由一颗目前尚未发现、每隔数百年接近地球一次的彗星传给人类。

这一切是否都与彗星有关，还有待于科学家的进一步证实。

最引人注目的彗星之谜

彗星可算以是夜空中最为引人注目的一种天体。在那井然有序的星空里，彗星好像是位形象怪异的不速之客，拖着一条长长的尾巴，在繁星点缀的天幕上缓步挪移。人们在惊羡彗星美丽外貌的同时，也为它可怕的毁灭力震撼。彗星给人们留下了太多的谜与雾。

距今两百年前（1796年），法国科学家拉普拉斯出版了一本《宇宙体系论》，提出太阳系起源的星云说，认为彗星是由太阳系外星际云物质所形成的，因为受到邻近恒星的影响，加上行星与太阳引力的拉扯，使遥远星云物质被吸进太阳系而形成彗星。

这项理论，直到1950年经过荷兰天文学家奥尔特与斯特龙格林的精密观测研究后，才为世人所接受。根据他们的研究，这团星际云物质距离太阳约有225000亿千米，以光的速度（每秒30万千米）得走上866天。这个被称为"原云"的彗星储藏库，又被称为奥尔特云，据估计约有1000亿颗彗星的材料被冷冻在2500C下的外太空，等待机缘的安排，展开奔向太阳之旅。

彗星会撞击地球吗？天文学家的回答是肯定的。据观测，平均每800万年就会有一颗彗星与地球相撞。如果说地球现在的年龄是46亿岁，那么应该说已有560颗大大小小的彗星"拥抱"过地球了。

其实，彗星给人类带来的似乎并不完全是灾难，人们很难以想象，地球上生命的来源居然会与彗星有关。迄今为止，关于生命起源的理论主要有两个。其中之一认为在地球演化过程中，曾受到无数彗星和小行星的碰撞，彗星和小行星上存在无生命的有机物，这些有机物后来演化成蛋白质，再逐渐演化出生命。可是，华盛顿大学地球化学家贝克和他的同事在研究了中国、日本和匈牙利的页岩和燧石后说，他们在这些地质样本中找到了一种布基球分子，这种分子为彗星或陨星撞击地球提供了有力证据。于是另一种理论推

55

吸引眼球的宇宙探秘

△ 哈雷彗星

测认为，地球上恐龙等物种的毁灭，是彗星对地球冲撞的结果。

　　天文学家算出1910年5月18～19日哈雷彗星的尾巴要扫过地球。这一消息像一阵风似的迅速传遍整个欧洲，由此产生了许多奇怪的想象，有人认为地球的转速会加快，整个地球在飞快地转动下会粉身碎骨；有人认为彗星的引力会使地球上产生可怕的大潮汐，造成世界范围的洪水泛滥；还有人认为彗尾的有毒气体会污染大气，对人类构成致命的伤害等。总之许多人以为世界末日就要来临了，于是一些人一掷千金，大肆挥霍；一些相信死后有来生的人将财产捐给教会，想死前做点好事，以此挽救自己的灵魂；一些人挖了深坑，备了氧气，准备躲起来；还有些胆小鬼干脆自杀了事。可是到了5月20日令人恐怖的事情并没有发生，那些倾家荡产的人大呼上当，而提前见上帝的人竟连后悔是什么滋味都不知道了。

　　是天文学家危言耸听吗？不是，哈雷彗星确实来了，地球在它的大尾巴里钻了很长时间。只是由于彗尾的物质太稀薄了，当彗星通过太阳圆面时，从地球上看到太阳的表面和平常一样，甚至用最大的望远镜也没有看出彗星经过的痕迹。

其实，就算是一个直径2～3千米的彗核与地球相撞，也不会对地球造成毁灭性的伤害。首先，它在落到地球大气的时候会碎裂成许多块，而且地球大气还会对碎块撞击地球起到缓冲作用，毁坏的面积最多是几十平方千米。我们知道地球上陆地面积只占1/3，而人口稠密的地区仅占陆地面积的一小部分。

但这并不是说我们从此可以高枕无忧了，据一些天文学家推测，每经过1亿年左右，即有大批彗星进入太阳系，其中最大的彗核直径超过10千米，撞击速度达每秒30千米。如果这样一颗彗星撞击地球，后果将是不堪设想的。彗星进入大气而引起的强大冲击波会一下子将半个地球上的生物置于死地，整个地球上空将笼罩一层厚重的尘埃，使太阳光线无法穿透。除此之外，在撞击时还会引起全球性的大地震，导致大规模的陆地起伏。如果彗星击中海洋，溅落中心部分可能产生高达几千米的巨浪，这时地核中的内部流动情况将受到严重的干扰，并影响到地磁，从而造成各类生命的大批死亡。

今天，我们无需为几千年后，甚至几千万年后可能发生的超大规模的彗星陨落事件而烦恼担忧，但对低几率、高危害的碰撞事件也不可不防。苏维克-利维9号彗星与木星的碰撞已为我们升起了一颗明亮的预警信号弹。在此之前，天文学家就已有所警觉。

1993年4月，包括我国在内的10多个国家的60多位天文学家在意大利埃里斯召开了专门的国际会议，探讨了近地小天体可能撞击地球的问题，并发表了《埃里斯宣言》，试图唤起人们对这一问题的高度重视。目前，天文学家正在加强对可飞近地球的彗星、小行星的搜索，研究和掌握拦截、击毁、让小天体改变轨道的技术，以防患于未然，使地球免遭木星的厄运。科学是在不断发展的，创造了地球文明的人类，一定能驾驭地球这艘生命之舟，绕过宇宙海洋中的暗礁，勇往直前。

类星射电源之谜

类星射电源是一类体积相对较小、但辐射能力很强的天体。这类星体距离地球通常都有数十亿光年之遥。

自首批类星射电源发现至今已有40余年时间,但科学界对它们的结构和周围环境依然知之甚少。借助"钱德拉"望远镜,天文学家们又新观测到了两颗类星射电源——编号分别为4C37.43和3C249.1。在这两个星体的周围发现了多个因受X射线辐射而形成的炙热区域。在距离4C37.43和3C249.1数十光年远的地方均分布有大型的中央黑洞。

类星射电源的形成:当两个星系发生融合时,位于它们之间的气体会受到挤压,导致新恒星不断形成并为中央黑洞的成长提供了"食物"。黑洞在吸入上述星际气体的过程中会释放出大量能量,从而孕育出类星射电源。据观测显示,这些类星射电源的辐射强度均要明显高于其所处的星系。类星体释放出的强大射线会不断地将星系中的气体"吹"向周围空间,从而形成"星系风"。在大约1亿年之后,这些"星系风"会将位于星系中心区域的气体全部吹出,其结果是:新恒星将不再形成,而黑洞也将停止生长。进入这一阶段后,类星射电源会逐渐走向消亡,其所处的星系将进入一个相对"平静"的时期MM直到再次与其他星系发生融合。

"调皮捣蛋"的脉冲星

人们曾经认为恒星是永远不变的，大多数恒星的变化过程非常漫长，以至于人们根本觉察不到。事实上，并非所有的恒星都那么安静，后来我们发现，有一些恒星很"调皮"，它的调皮表现在它的变化多端上。因此，我们又叫它为"变星"。脉冲星就是变星的一种。

1967年的夏天，剑桥大学的赫维引和他的合作者在极其偶然的情况下，探测到来自天空的一种射电辐射。这种射电辐射是非常有规则的，每隔1/3秒出现一次脉冲。更确切地说，这种脉冲每隔1.33730109秒出现一次。经过仔细分析，科学家认为这是一种未知的天体。因为这种星体不断地发出电磁脉冲信号，所以人们就把它命名为脉冲星。

几位天文学家经过一年的努力，终于证实脉冲星就是正在快速自转的中子星，而且正是由于它的快速自转而发出射电脉冲。要发出像脉冲星那样的射电信号，需要很强的磁场；而只有体积越小、质量越大的恒星，它的磁场才越强，而中子星正是这样高密度的恒星。只有高速旋转的中子星，才可能扮演脉冲星的角色。

虽然早在20世纪30年代，人们就提出了中子星的假说，但是一直没有得到证实，人们也不曾观测到中子星的存在。由于理论预言的中子星密度大得超出了人们的想象，在当时人们还普遍对这个假说持怀疑的态度，一直到脉冲星被发现后，经过计算，脉冲星的脉冲强度和频率只有像中子星那样体积小、密度大、质量大的星体才能达到。这样，中子星才真正由假说成为事实。因此脉冲星的发现，被称为20世纪60年代的四大天文学重要发现之一。

吸引眼球的宇宙探秘

彗星发现之谜

彗星俗称"扫帚星",历来被迷信的人们认为是"灾难之星"。它往往不期之间突然"横空出世",拖着一条别致的长尾巴,在夜空悠然而过(有时可能有两条尾巴,即"双尾彗星",让一些疑心重重的人更觉"灾难深重")。但在现代天文学家眼里,它与人间是非完全无关,只不过是宇宙里一个孤独的"流浪汉"。甚至有时,它引发人们奇思妙想,也让喜欢它的人诗兴大发。

在古人的观念中,天上的星宿是和地上的人类息息相关的。彗星因为"相貌"奇特,所以它的出现引起猜疑乃至恐惧。在中国古代,人们除了叫它扫帚星(形似扫帚),还称之为"蚩龙"(喷火的龙)、"妖星"、"灾星"等等。古代西方人觉得它像"匕首"、"长枪"或"宝剑",实属"不祥之物"。人们常常将它看成是瘟疫、战争、灾害降临的征兆,于是出现了许多相关的迷信和恐怖传说。如公元前44年3月15日,古罗马恺撒被暗杀,9月23日,罗马市民为恺撒举行了追悼仪式,突然天空中出现一颗大彗星,持续了7天之后才离去。人们认为这是恺撒显灵,预示更加残酷的内战。

到了近代,天文学已经能够比较准确地预报一些彗星的回归时,迷信仍然大有市场。哈雷彗星是第一颗被准确预言回归的彗星。英国天文学家哈雷计算出,它每隔大约76年,会按时回归地球一次。但1835年哈雷彗星如期回归时,有人把它同世界许多地方出现的自然灾害联系起来。如在日本发生了"天保大饥荒"(德川幕府时代最大的饥荒),有20~30万人被饿死,饥馑还引起了全国性的大暴乱。其实这简直是"嫁祸于'人'"。把1910年哈雷彗星的再次回归,同日本东京发生的明治时代最大的水灾胡乱联系,也是一例。在欧洲,人祸胜于天灾的情形更加明显。当天文学家宣布1910年5月19日哈雷彗星的回归时,欧洲一些国家出现了恐慌。人们居然相信彗星是有毒的，如果它扫过地球的上空，人就会被毒死。一些神父们乘机蛊惑人心，宣扬"世界末日"来临，要求人们赶紧祈求上帝宽恕。可笑的是，有人因恐惧竟然自杀。可结果如何呢？它对地球和人类没有丝毫破坏，人们只是虚惊一场。

彗星在冤屈之中度过了漫长的岁月。随着实践和知识的发展，今天人们不再以恐惧的眼光来看待它。那么，彗星的真实面目究竟是如何呢？

古代人们描绘的彗星形态是奇形怪状的，但这些描绘都不是彗星的真实形态。随着科学技术的发展，有了照相技术和宇宙飞船、人造卫星等探测设备，我们对彗星有了更加正确的认识。

彗星是太阳系中一种云雾状的小天体，一般包含彗核、彗发、彗尾三部分。中央比较明亮的是彗核，彗核周围是云雾状的彗发。随着与太阳之间距离的不同，彗星的形状也在不断地变化。只有当它接近太阳的时候，彗星才在很短的时间内"长"出尾巴。彗尾一般总是朝着背离太阳的方向延伸，这一点中国古代的科学家早就已经认识到了。所谓"夕现则东指，晨现则西指"，就是对彗尾的描述。

16世纪德国天文学家开普勒形象地打了一个比喻："彗星在天空里就像鱼在大海里那样多。"这也许有些夸张，但科学家们已经观测到成百上千颗彗星，只是我们用肉眼不能看到那么多罢了。因为一颗离地球很近的彗星，在近300年的彗星记录上，距离地球由近及远，它排行第19位，这就可以让天文学家在近处仔细观察它的真面貌了。天文学家对百武彗星的轨道进行了计算，发现它是一颗周期9年左右的彗星。但百武彗星是否第一次向太阳回归呢？我们还不能断定。

1996年5月以后，世人的目光随着百武彗星的离去而转向了另一颗彗星——"海尔——波普"彗星。1995年7月23日傍晚，两位美国业余天文爱好者海尔和波普分别用小型天文望远镜发现了一个模糊的雾状天体。后来证实，他们看到的是同一颗很大的彗星，因此国际天文联合会将这颗彗星命名为"海尔——波普"彗星。天文学家们都将望远镜对准了它，在观测中证实了这颗彗星移动很慢，说明它离我们非常遥远。天文学家初步估算出"海尔——波普"彗星处于木星轨道之外，其亮度也在逐步上升；到1996年3月，

61

它已经亮到利用普通双筒望远镜就能观测到的程度，而这年的7月底8月初，人们用肉眼就能直接看到这个天体了。由于"海尔——波普"彗星的明亮和奇特，全世界的天文学家都很关注它。天文学家们推算出这颗彗星的周期大约3000年，但至今并没有对它的记载。看来，这次回归将是人类历史上有记载的第一次了。

也许有人会担心，有朝一日，某颗彗星会像"苏梅克——利维9号"彗星撞击木星那样，与我们的地球相撞，这样一来，地球不也会翻江倒海吗？其实，这是不必要的担心。广漠宇宙空间里，彗星同地球相遇的机会绝无仅有。即使相撞，那"粉身碎骨"的也必定是彗星了。因为彗星的体积尽管如此庞大，但它的质量却小得出奇，密度自然也很小，只有空气密度的10亿亿分之一，比真空还要稀薄。这种看得见的"虚空"，又怎能与地球一比高低呢？

彗星本身并不神秘。但是它是什么时候、在什么地方、从什么物质、经过怎样的过程才形成的，却是引人入胜的问题，也是没有揭开的谜。关于彗星的起源问题，众说纷纭。其中比较著名的是"原云假说"，是由荷兰天文学家奥尔特提出的。他认为在太阳系边缘地区，存在着一个原始彗星的"仓库"——原云。当彗星受到其他恒星的作用力而脱离原云，进入太阳系内层的时候，就成为我们看到的彗星了。也有人认为，彗星是由小行星的相互碰撞的碎片形成的。还有人认为，可能是由行星爆炸抛出的物质形成的。

对彗星起源的假说还有很多，但都不完整。这些谜还有待于今后进一步探测才能找到答案。

大彗星是一颗什么样的星星

大彗星是对地球上的观测者来说特别明亮和壮观的彗星，以过去的数字来看，平均约10年才会出现一颗。

要预测某颗彗星是否能成为大彗星是很困难的，有许多因素都会造成彗星的光度与预测的不同。一般而言，有巨大或活

△ 美丽的彗星

跃核心的彗星，如果够接近太阳，从地面观察时在最亮的时刻又没有被太阳遮蔽掉，它就有机会成为大彗星。

彗星在被发现后，会以发现者的名字作为正式的名称，但有些特别亮的反而会以最明亮的年份直接称为××年大彗星。大彗星的定义很明显是相当主观的，但无论如何，能够被称为大彗星的一定是亮到不用刻意去寻找的程度，以肉眼就能直接看到它，并且不属于天文社团的一般人也都知道他的名字。

对多数人来说，大彗星很单纯的就是一种美丽的景象。

掠日彗星之谜

掠日彗星，是指近日点极接近太阳的彗星，其距离可短至离太阳表面仅数千千米。较小的掠日彗星会在接近太阳时被完全蒸发掉，而较大的彗星则可通过近日点多次。但太阳强大的潮汐力通常仍会使它们分裂。

一些彗星的近日点离太阳非常近，还不到0.01天文单位，过近日点时像燕子掠过水面似的擦过太阳表面，因此被天文学家称为掠日彗星。太阳是一个表面温度有五六千度的大火球，对于那些敢于"冒犯"自己的掠日彗星，太阳或用烈焰将它们吞噬掉，或用引力将它们扯碎，只有小数掠日彗星侥幸逃脱。

△ 掠日彗星

掠日彗星由于近日距非常小，它们在经过近日点时会变得极为明亮。

多个掠日彗星类型之中，以克鲁兹族掠日彗星最为著名，它们全是由一颗大型彗星分裂而成，于1106年出现的大型掠日彗星可能是其母体。

金星位相变化的发现

用望远镜观察，可以看到金星也如月亮那样，有圆缺的位相变化。1610年，意大利天文学家伽利略把他自制的望远镜对向金星时，首次获得了这个重大发现。后来，他把这个观测事实作为证明哥白尼的太阳系学说的重要证据之一。

伽利略发现金星的位相变化的过程还有一段趣事。1610年9月底，伽利略在望远镜内看到金星似一钩弯弯的娥眉月。他惊喜之余，觉得还要进一步研究和思考，所以决定对此发现暂时保密，但又怕别人比他先发表出来而夺走他的荣誉，所以他搞了个有趣的文字游戏，只发表了一句令人十分费解的话：

"枉然，这些东西，今天被我不成熟地收获了。"

伽利略到底"收获"了什么？当时谁也捉摸不透。因为要把这35个字母打乱重新排列组合并得出有意义的句子，实在比登天还难。据说在11月初，有人还问过伽利略，说只要相信哥白尼学说，水星、金星轨道在地球轨道之内，就应预料到它们有位相变化，谁知伽利略守口如瓶。直到1610年年底，伽利略才公布了他的谜底。他把句子中的这些字母重新排列，即变成这样一句话，大意是："爱神的母亲仿效狄安娜的位相。"在希腊神话中，那个长着双翅、手拿银弓、金箭的小爱神——爱洛斯的母亲正是维纳斯，而狄安娜也是月神的罗马名字。

不过金星的位相与月球毕竟还是不同的。月球作位相变化时，圆面的直径并无什么明显的变化，可是金星却不然。当金星处于下合，地球上看来相当于"新月"或"朔"。因为这时它最接近于地球，所以看起来角直径可达64°～65°，而当它处于上合——相当于"望"或"满月"时其距地球的距离则相差6倍。当然严格讲来，这两个时刻金星一直与太阳一起升落，它始终

65

吸引眼球的宇宙探秘

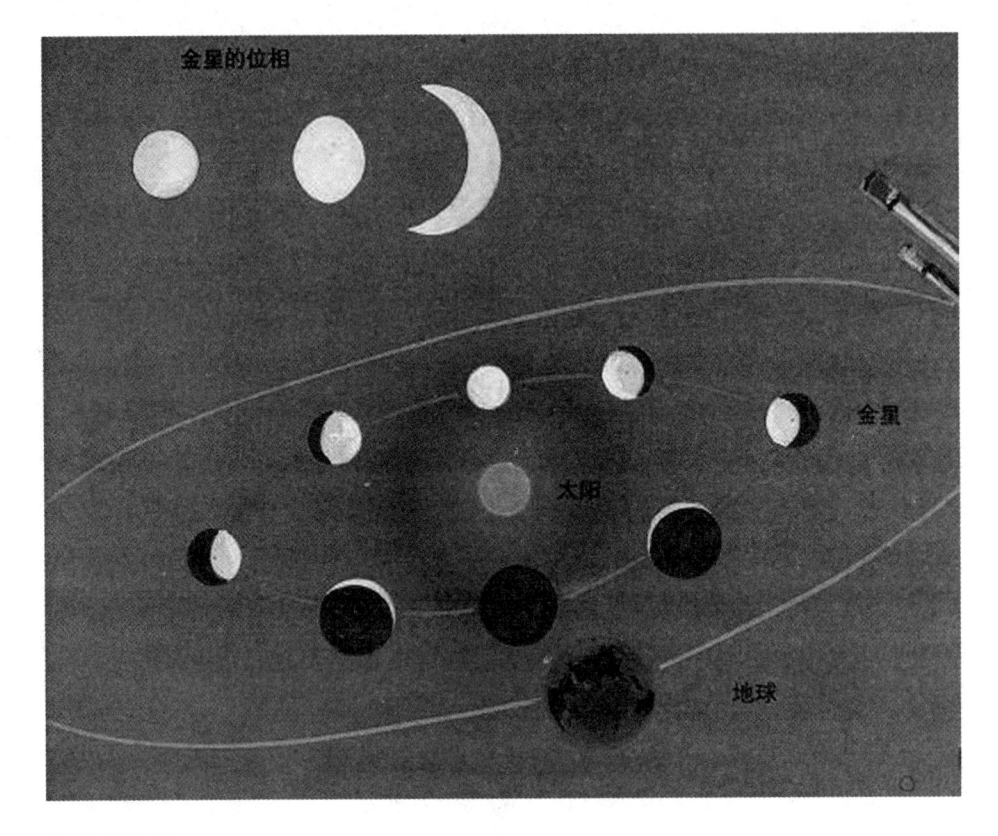

△ 金星位相

淹没在耀眼的阳光中，所以通常是无法见到的。

再说"弯月"的金星，弯度特别大，两尖角的连线远超过直径。这是它有浓厚大气的证据。不过当时伽利略没有跨到这一步。一直过了一个半世纪后，金星大气才为俄国学者罗蒙诺索夫发现和证实，这也是人类所知的第一个有大气层的太阳系其他天体。

金星真面目

金星常常罩着一层叫人难见真容的"面纱"——厚厚的大气始终把金星裹得严严实实，哪怕用世界上最大、最好的望远镜对向它，也总是只见满球的云雾。在20世纪50年代用雷达探测以前，谁也不清楚在这浓云密雾下是一个什么样的世界。一些人从"孪生姐妹"的常理推断，金星上可能是一个环境不太坏的洞天福地——阳光充足，雨水丰润，气候闷热，万物生长极快……所以不时有一些描写"金星人"的科幻小说问世。

20世纪50年代后期，射电天文学家终于穿过了这层永不消散的"面纱"，首先测出了它的自转周期和表面温度，但传来的结果简直叫人怀疑仪器是否出了毛病：它自转极慢，温度极高，可能达300℃以上，从来没有一个行星会这么热的。如此的高温世界，任何有机生命都是不可能存活的。如果这样，哪儿还像什么地球的"孪生姐妹"！

到底如何？20世纪60年代，美苏两国纷纷派出"使者"到金星作实地"采访"，但开始的"特使"都出师不利，不是无线电失灵，就是火箭出故障。1962年8月27日，美国发射了"水手2号"，经过4个月的航行，于1962年12月24日飞抵了金星区域。它不仅第一次拍得了金星的近距照片，还测定了金星大气的化学组成和温度情况。金星大气底下的温度不是300℃而是480℃，比水星的最高温度还高53℃。

现在知道，金星表面上确实是个高温世界。它与水星不一样，水星一到黑夜便会降温，但金星上不管白天黑夜，不管"春夏秋冬"（倘有四季的话），也不论在赤道、两极，几乎没有什么区别，都热得那样可怕。

按理讲，金星离太阳比水星远1倍，得到的阳光只有水星的1/4，何况它大气中的密密云雾会把75%的阳光拒之门外，金星的表面温度不应比地球高。究竟是什么原因使得金星变成了一个地狱般的世界？原来，问题就出在这层大气。金星上的大气与地球大气截然不同，96%以上是二氧化碳。二氧化碳有个奇怪的秉性：它能使太阳光自由通过射入金星，但却不再让它"回去"，即地面反射出来的热（在红外波段）再也散射不出去，这就是通常说的"温室效应"。二氧化碳本身就是最好的"玻璃暖房"。太阳光射入后，热量就很难再散射出去，长时间的只进不出，使金星表面温度有增无减，成了太阳系中温度最高的行星。正因为这样，不少宇宙飞船进入金星大气后很快就出事了——一般的无线电元件如何经得起480℃的高温！

金星的大气十分浓密，约比地球大气密100倍。根据空间探测器的测定，金星表面上的大气压力与我们海洋中900米深处的压力差不多，达90个大气压。在这样的压力作用下，一个篮球将被压缩成只有乒乓球那么大。所以人类很容易在月球上行走，但要登上金星却难上加难——即使可用特殊的手段来降温，但人的躯体根本无法承受如此巨大的压力，人的肺脏也无法呼吸——只有进气的时刻，没有出气的可能。

金星的大气中96%是使人窒息的二氧化碳，3%左右的成分是氮——同样不能呼吸，还有1%是其他各种元素。还必须指出的是，在离金星表面32~88千米的一层大气中，充斥着可怕的浓酸雾滴（它们的大小为1~2微米），主要是浓度很高的硫酸，也有少量的盐酸、氢氟酸等强酸。一旦下起"雨"来，落下的就是极具腐蚀性的强酸。与此相比，地球上因大气污染所下的"酸雨"，简直可做"甘露"了。

金星大气中还有很强烈的和频繁的闪电现象，平均每分钟有20次之多。苏联的"金星号"飞船曾记录到一次闪电，竟持续了15分钟之久。与水星上万籁无声的死寂相反（没有空气就没有声音），金星上隆隆雷声不绝于耳，简直找不到一段安宁的时刻。

太阳的极羽之谜

发生日食的时候,"黑太阳"周围有一团白色光圈,并在太阳的上下两极地区,光圈内竟排列着一道S形散状羽毛样的东西,这些羽毛是怎么回事呢?

这要首先从日冕说起。在日全食发生时,平时看不到的太阳大气层就暴露出来了,它就是日冕。日冕可从太阳色球边缘向外延伸到几个太阳半径处,甚至更远。

在太阳活动的极盛时期,日冕的形状是明亮的、有规则的,近乎圆形,精细结构(比如极羽)并不显著。可是在太阳活动的极衰时期,就其整体来说,日冕没有那样明亮;但在日面赤道附近,日冕的光芒底层却在扩大,上面分成丝缕,呈刀剑状伸向几倍太阳直径那样远的地方。除了上述特征之外,极衰期的日冕往往在两极表现出一种像刷子上的一簇簇羽毛样的结构,人们叫它极羽。极羽现已被科学家们归纳为日冕中比背景更亮的两种延伸结构之一,出现在日面的两极区域。其性质人们还未完全弄清,一般认为,聚集在太阳极区的日冕等离子气体,由起着侧壁作用的磁场维持其流体静力学平衡,并因此形成极羽。极羽的形状酷似磁石两极附近的铁屑组成的图案,这种沿着磁力线的分布说明太阳有极性磁场,并可据此画出太阳的偶极磁场来。

吸引眼球的宇宙探秘

太阳的日珥之谜

和人类关系最密切的太阳本身有着数不清的谜，日珥之谜就是其中的一个。在发生日全食时，人们可以清楚地看到，在色球层中不时有巨大的气柱腾空而起，像一个个鲜红的火舌，这就是日珥。

日珥一般长达20万公里，厚约5000公里，其腾空高度可达几万到几十万公里，甚至百万公里以上，日珥可分为三类：宁静日珥、活动日珥和爆发日珥。宁静日珥喷发速度达每秒十多公里，能存在几个月之久；而爆发日珥的喷射速度每秒钟可达几百公里，但存在时间极短。

由于日珥腾空高度有时达数百万公里，实际上它已进入日冕层。日冕层的温度极高，平均温度为200万摄氏度，局部区域温度高达1000万摄氏度，日珥的温度也很高，在一万度左右。它们不仅温度差别悬殊，密度差别也很大，日珥的密度是日冕的几千倍。令人奇怪的是当日珥冲入日冕层时，既不坠落也不消融，而是能和平相处在一起。有科学家解释，太阳磁场具有隔热作用，它包裹住日珥，使两者无法进行热量交换。但是人们发现，有些日珥并非是从大气层的低层喷射上去的，而是在日冕高温层中"凝结"出来的，而有些日珥还在顷刻间就烧完乃至全无踪影，这种凝结现象和突变现象让人无法解释。

此外，空无一物的日冕怎么会突然出现日珥呢？据计算，全部日冕的物质也不够凝结成几个大日珥，它们很可能是取自色球的物质。但这些猜测尚未得到证实，关于日珥的一切还是个谜。

70

太阳的黑子之谜

1610年，伽利略发现了太阳黑子现象。从此人类开始了对太阳黑子活动的探索。

1926年，德国的天文爱好者施瓦贝发现每经过约11年，太阳活动就很激烈，黑子数目增加，有时可以看到四五群黑子，这时称作"黑子极大"；接着衰弱到极衰弱，到后来太阳几乎没有一个黑子。因此，每经过11年，就称作一个"太阳黑子周"。

国际天文学界为黑子变化周期进行了排序，从1755年开始的那个11年称作第一个黑子周，1998年进入第23个黑子周。

1861年，德国天文学家施珀雷尔发现，黑子出现是遵从一定规律的：每个周期开始，黑子与赤道有段距离，然后向低纬度区发展，每个周期终了时，新的黑子又出现在高纬区，新的周期也就开始了。

20世纪初，美国天文学家海耳研究了黑子的磁性，发现磁性由强到弱直至消失的周期恰好是黑子周期的2倍，即22年。人们将这个周期称作磁周期或海耳周期。

但也有人对太阳黑子活动周期持续的时间提出异议。19世纪80年代，德国天文学家斯波勒发现1645～1715年里，人们很少看到太阳黑子的活动，紧接着英国天文学家蒙德尔指出，这70年太阳活动一直处于极低水平，太阳黑子平均数比通常11年周期中黑子极少的年份还要少，有时连续多年竟连一个黑子也没有。被称为"蒙德尔极小期"。

关于太阳黑子活动周期问题，争论一直在继续，新观点不断涌现。

吸引眼球的宇宙探秘

太阳的极光之谜

太阳极光是原子与分子在地球大气层最上层（距离地面100～200公里处的高空）运作激发的光学现象。由于太阳的激烈活动，放射出无数的带电微粒，当带电微粒流射向地球进入地球磁场的作用范围时，受地球磁场的影响，便沿着地球磁力线高速进入到南北磁极附近的高层大气中，与氧原子、氮分子等质点碰撞，因而产生了"电磁风暴"和"可见光"的现象，就成了众所瞩目的"极光"。

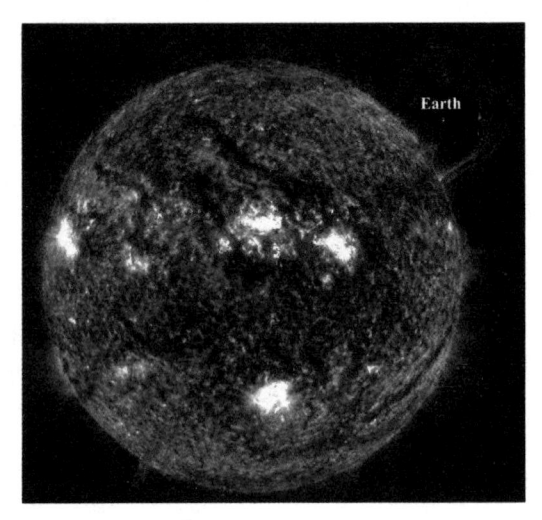

△ 太阳

极光最常出没在南北磁纬度67°附近的两个环状带区域内，分别称作南极光区和北极光区。北半球以阿拉斯加、北加拿大、西伯利亚、格陵兰岛南端与挪威北海岸为主；而南半球则集中在南极洲附近。

极光没有固定的形态，颜色也不尽相同，颜色以绿、白、黄、蓝居多，偶尔也会呈现艳丽的红紫色，曼妙多姿又神秘难测。

一般来说，极光的形态可分为弧状极光、带状极光、幕状极光、放射状极光等四种。在北部出现的称为北极光，在南部出现的则称为南极光。

虽然目前科学家已大致了解极光，但极光仍留下许多难解的问题值得人类继续去探索和发现。

太阳为什么会自转

15世纪时，人们普遍认为，地球由于自转引起了按一定周期变化的昼与夜的交替，并且太阳系内许多其他行星也都存在着自转现象。

1612年，伽利略发表了关于太阳黑了的活动记录，其中又发现黑子位置并非固定不变，也发现了太阳确实有自转。

到19世纪中叶，英国天文爱好者卡林顿对太阳黑子和太阳自转周期进行了详细观察，由于太阳不是一个固体球，而是气体球，因而它的各个部分自转是不同的，这是卡林顿的发现。

太阳自转周期随纬度不同而发生变化，赤道地区自转周期为25天，纬度为40度的地区自转周期为27天，80度地区为35天，太阳自转的平均一周期为25.4天，在地球上测量太阳的自转周期平均为27.3天。

太阳自转除了因纬度变化而不同外，自转速度也是不均匀的。在20世纪初时，人们测定太阳自转速度的变化差不多是太阳自转平均速度的1/4000。1970年，有些科学家还提出，太阳的自转速度每天都在发生变化，它的变化速度是在一个极大值与极小值之间，这似乎令人感到难以解释。

研究太阳自转还包括太阳大气层的自转问题。一般来说，在大气低层的自转情况也基本上随纬度而变化，在大气中上层的自转没有什么明显变化。此外，太阳自转还涉及到太阳黑子的分布问题。这些研究只是初步的，还有许多问题需要进一步研究。

太阳为何会收缩

1974年，埃迪提出了大胆的观点——太阳正在收缩着，太阳直径差不多每年缩短1/850，太阳直径为140万公里，差不多每年缩短1647公里。按埃迪的计算，不用10年太阳就消失了。

埃迪曾认真研究了英国格林尼治天文台从1836年到1953年的太阳观测资料，数据表明这117年间太阳直径在不断收缩。他还研究了美国海军天文台从1846年以来的观测记录，得出的结论同上面的结论一致。

法国哥廷根天文台也保存较完整的太阳观测资料。科学家们的计算表明，太阳大小在200多年内变化不大，比起埃迪的数值要小得多。

另外，天文学家还试图从水星凌日的材料证明埃迪的观点。根据42次水星凌日的观测记录发现，300年来，太阳非但没有缩小，还有增大的现象。此外，英国天文学家帕克斯还借助1981年日全食的机会进行了相关的观测，得出的结论也和埃迪相反。

1987年，中国上海天文台与美国海军天文台合作，将当年9月27日的日全食资料与1715年的资料比较，结果表明太阳确有收缩，但只是埃迪数值的1/5，有些科学家从其他日全食资料来计算，也只有埃达数值的1/10。

太阳会一直收缩下去吗，收缩的幅度到底有多大？科学家们观点还很不统一，需要进一步观测来证明。

夜里能出太阳吗

夜里出太阳，似乎有点荒谬，可是我国古书中却记录了许多夜里出太阳的奇异天象。

《汉书》中记录了公元前139年6月11日夜里出太阳的事。《晋书》中记录说，318年11月16日夜里出太阳，高三丈，中间有绿红色；另一古籍《江南通志》中还指出，这天夜里太阳出于南斗方位。《海盐县志》记录道：1653年8月16日夜里三更时，红色的太阳出现在东北方，直径一二尺，当月亮升起后不久，它就隐而不见了。

我国学者庄天山认为，夜里出的"太阳"实际上是一种冕状极光。太阳表面不断向外发出一束高速带电粒子流，当它们来到地球大气层的高层，使大气中粒子电离发光形成"极光"。极光有多种多样，在条件适当时，射线结构的极光会成为一个边缘不明显的圆形发光体，叫"冕状极光"，颜色是红色的。人们很容易将红色的冕状极光误认为是太阳。极光还会向东西方向漂移，且高度越大，速度越快，所以冕状极光看上去也会有东升或西落的现象。

有些科学家认为，夜里出"太阳"是一种对日照现象。据莫尔顿和布莱克韦尔、杜赫斯特等人观测研究，春分和秋分前后，在和太阳位置相对的黄道附近，即在所谓的反日点上，会有轮廓不甚分明的圆形亮斑，呈暗红色，这就是"对日照"。由于它很暗，所以月亮一出来，它就消隐了，但没有月亮时它的外形有点像太阳。

夜间出太阳到底是怎么回事？这仍是个待解之谜。

太阳会熄灭吗

根据天文学家的计算，尽管太阳上的氢很多，但毕竟也是"无源之水"，总有用尽的一天。

大约再过50亿年，太阳核心部分的"燃料"用光后，就会猛地又收缩一下。这一来，温度再次猛增，使外层原来没有烧过的"燃料"也"烧"起来了。此时太阳会猛烈地膨胀，成为一颗"红巨星"。

太阳会胀得很大，太阳能把水星和金星都"吞掉"。地球轨道恰好在这个胀大了的太阳表面的位置。这时的地球即使不被炽热的太阳"吞掉"，也会被烤得熔为一团熔岩。但与此同时，也会有其他小行星变得适合人类居住，也许那就是人类未来的避难处。

"红巨星"阶段大约有10亿年。然后，一切可"烧"的"燃料"都用完了，红巨星开始再次收缩，越变越小，大约只有现在的体积的1/100000，才稳定下来。尽管表面温度可以高达10000℃，但表面积变小了，发出的热量会大大减少，这时太阳就进入了"老年期"，成为"白矮星"一样的天体，表面温度高、体积小、密度很大（每1立方厘米物质有10吨重）。由于没有内部能源，所以这个"老年期"并不能永远维持下去，而是逐渐冷却，最后成为一个黑暗无比的"黑洞"。

好在这是50亿年以后的事，人类一定能用先进的科学技术解决此事。

太阳从西边出来之谜

人们常用"除非太阳西天出"来形容不可能的事件,这在地球上是千真万确的真理,可是你千万不能用此来与天文学家打赌,因为在神奇的宇宙中,什么事都有可能发生。比如在金星上,太阳就是每天从西边升起,朝东边落下的。

金星上浓密的大气,使人们至今无法看清它的真面容,探知金星逆向自转,是射电天文学的一个重要成果。1962年,天文学家用雷达反复测定后,确证了金星以243天转一圈的速度缓缓地向西转动。我们知道地球自转在赤道上的速度可达465米/秒,但金星自转在赤道上的速度只相当于1.8米/秒,比我们平时步行的速度快不了多少。这样我们在金星上空观看星空,几乎是纹丝不动的。一颗恒星从西方升起后,要过121.5天或2916小时,才会沉入东方地平线。

金星上的"一天"应该有多长呢?根据上面介绍的公式可以算出(注意自转周期为负值)为117天。水星上的"1天"等于"2年",在金星上则差不多1"年"为2"天"。在金星上看太阳的视直径,约是我们见到太阳大小的1.5倍。这样从太阳刚在西方地平线露头,到它的圆球面全部升起,至少要花6个小时。

千万别以为花6个小时看日出是浪费时间的事。不,金星的日出是宇宙间的奇观。因为金星浓密大气造成的大气折射特别厉害,在地平线附近可使原来的光线改变近180°。所以尽管太阳刚从西边地平线上升起,但你若朝东看去,可看到天空中有着一连串的奇形怪状、大小不一的太阳像。这种神奇的景色,会使任何人都如痴如醉、乐而忘返的。

从金星上遥望故乡——地球,也是一件趣事。在金星上看,地球的大小也在时时变化:最大时有一个小小的圆面,而较远时,只是一个亮点。金星

77

吸引眼球的宇宙探秘

△ 日出东方

与地球最近时（金星下合），地球的蓝色光亮到-6等以上，只比我们平时见到的月球圆面稍微大一些，就是1颗-2等的星星——月亮。由于月亮在绕地球转动，所以还可看到它们互相交食的情况。

  不过，实际上在金星表面所见的天空并没有那么富有诗意，因为几百千米厚的大气，终年不散的厚厚云层，虽然还有些透光，但却永远把金星与外界隔绝了起来。既然外面无法看到它表面，那么在大气之下的金星表面也未必能见到任何星星。事实上，金星的上空一直是灰蒙蒙的大阴天，即使白天也不是太明亮，而夜晚倒也不会太黑暗，大气折射使得它的白天和黑夜并不那么泾渭分明。

  宇宙飞船的探测证实了这一点。从它们发回来的照片看来，金星的天空带有橙色，其原因在于云层吸收了阳光中的蓝光部分，所以照到金星表面的光是带有橙绿色的黄光，于是地面显出略带淡绿的黄橙色彩，天上是朦朦胧胧的橙色的云彩，甚至昼夜之间的亮度也没有多大的区别……真是神秘的异域情调。

值得一提的是"麦哲伦"探测器，这个重970千克、装有许多先进仪器、造价达9亿美元的无人飞船于1990年8月到达金星后，一直绕金星转了千日之久，直至1994年10月12日才坠入稠密的大气层而"光荣牺牲"。

"麦哲伦"沿着金星的子午圈运行，离金星表面最高点为8028千米，最低处仅249千米，转1圈的周期为189分钟。当它冲向最低点时，就可获得金星表面的立体地形照片，每张照片相当于地面上16100×24平方千米，最好的分辨率达120米，比以前所得的最好资料至少清晰十多倍。几年下来，它已把金星表面99%的地区看了个够。粗粗看来，金星的地貌确也多姿多态，与地球有不少相同之处。表面60～70%是极为古老的玄武岩平原，高高耸立的麦克斯威峰高达12000米。由于大气的保护，金星表面的环形山很少，倒是有数以千计的火山口，有的火山口面积达2.5万平方千米，与巴勒斯坦相比也小不了多少。在一些火山口的周围也有一些因陨石撞击形成的沉积物，宛如一朵朵白色的花瓣。种种迹象表明，至今还有部分火山仍在活动。

"麦哲伦"还见到了金星表面上数以千计的地层裂缝，已经凝固的熔岩河流以及众多的山脉盆地。

资料分析还表明，金星的表面在3～5亿年前曾发生过一次巨大的灾变，今天"麦哲伦"见到的是与过去完全不同的图像：上面的环形山极不规则，痕迹也非常年轻，数量又特别稀少。测定后发现，它上面所有特征的年龄都不大，平均只几千万年，最老的也不过10亿岁，这与它46亿年的历史相比显得很不协调。

现在科学家们已经绘制出了金星的表面图。重要的地貌都以女神的名字来命名。例如靠近北极的一个高原便称为伊斯达尔高原——这是古巴比伦的丰收女神，同时也是爱情和战争的女神。还有阿克娜山，阿克娜是墨西哥神话中的女神。此外，还有以已故的著名妇女名来命名的，如两个环形山分别命名为莉莎·梅特娜（奥地利物理学家，1968年去世）和萨福（古希腊女诗人）……

吸引眼球的宇宙探秘

金星卫星之谜

金星的地形很像地球，但是它却没有磁场。所以，宇航员将来如果有办法踏上金星表面，他是不用带罗盘的，因为它在金星上不起作用。但奇怪的是，金星大气中也存在着类似我们地球上极光那样的辉光。辉光的原因至今不明。

在诸多的金星之谜中，最令人不解的是它的卫星之谜。

在现在所有的天文书上，不管是教科书还是科普读物，在谈到金星时，总认为它的天然卫星数是"0"。

然而在历史上却不是这么回事。300多年前，即在1686年8月，法国著名天文学家乔·卡西尼却郑重宣布，他发现了金星的一颗卫星。卡西尼家族是17～18世纪四代相继的天文学家族，乔·卡西尼是第一代，也是成就最大的学者。他1625年生于意大利，25岁就当上了天文学教授。1669年，法王路易十四慕名把他请到巴黎筹建巴黎天文台，并担任首任台长。1673年，48岁的卡西尼加入了法国籍。

巴黎天文台是世界上第一座装有望远镜的现代天文台，乔·卡西尼则是那个时代蜚声世界的最精细、最卓有成效的观测大师。在1666年时，他就测到了火星的自转周期（其结果与现代值仅差3分钟），发现了木星的扁率及一些木星的大气现象，并画出了火星的极冠。在巴黎天文台，他最大限度地利用和发挥了台里那些当时堪称世界第一流的大望远镜的作用。他描绘的月面图质量之高，在一个多世纪中，无人可以超越。他利用火星大冲测到的太阳视差（并求出天文单位值），使全世界天文学家大吃一惊。他还测出了木星的自转周期，发现了土星光环中的间隙——卡西尼环缝……

乔·卡西尼更是一个发现卫星的专家。在他以前，除了伽利略发现了4个大木卫（称伽利略卫星）外，仅有荷兰惠更斯发现的土卫六（1655年），那几颗都是太阳系中最大的卫星。而乔·卡西尼则先后发现了很难寻找的土卫八（1671年）、土卫五（1672年）、土卫四（1684年）及土卫三（1684年）。应当说，他对寻找发现卫星方面是有着丰富的经验的。他声望很高，绝不会草率行事的。

乔·卡西尼对这个新发现的"金卫"进行了多次观测，并且测出了它的直径是金星直径的1/4左右。这个比例与月、地之比相差不多。根据他公布的金星轨道数据，当时不少人也观测到了这颗卫星，到18世纪时，金星卫星似乎已成为定论。例如1740年（乔·卡西尼已去世28年了），英国一个制造望远镜的专家肖特也报告过他见到了金卫。1671年，蒙太尼也对它进行了多次观测，并保留下了不少详细的观测记录。接着德国数学家拉姆皮特还重新计算了金卫轨道，认为其轨道半长径是40万千米，绕金星的公转周期为11天5小时。直到1764年，还有三个天文学家（两个在丹麦，1个在法国）还报告过他们观测到金卫。可是从此之后，竟再也无人见到它了。

金卫在人们的观测中"存在"了78年，现在再也没有丝毫踪迹。现在的大望远镜比17、18世纪的威力大了几十万倍，而且又有了能穿云破雾、撩开金星面纱的射电望远镜和雷达，若干个宇宙飞船还到达了金星，已完全肯定：现在金星没有卫星。

那么在卡西尼时代是否真有卫星呢，难道这许多天文学家的观测都是幻觉吗？倘若相信乔·卡西尼，那么金星的卫星为什么会在200年前突然消失呢？有什么巨大的能量能把一个半径约1500千米、质量达几千亿亿吨的"金卫"一下子"消灭"干净呢？这简直是不可思议的事。所以，天文界至今仍有两种水火不相容的观点：一是根本否认金卫的存在；一是认为它的确存在过，但后来因某种尚不清楚的原因，例如被其他天体吸引，卫星挣脱了金星的控制而飞走了。

吸引眼球的宇宙探秘

天王星的发现

直到约200年前，人类一直以为天空中有五个"流浪汉"——五个行星：水星、金星、火星、木星、土星，加上我们人类的故乡地球共有六个。

水星、金星、火星、木星、土星合称为五大行星，人们用肉眼就能看见，所以我们的祖先很早就认识了它们，并且把它们与太阳、月球一起称为"七曜"。意思是说，它们是天上七颗有光芒的、能够照耀人间的天体。

岁月流逝，到了1781年3月13日这一天，天文学史上发生了一件大事。那就是英国的天文学家威廉·赫歇耳，用自己制造的望远镜观测到了在土星之外那一颗蓝色的天体，从此太阳系又多了一个新成员。

威廉·赫歇耳于1738年11月15日出生在德国汉诺威城。父亲是一位穷苦的乐人，在父亲的熏陶下，幼小的赫歇耳就表现出不凡的音乐才能。18岁那年，因战争流亡到英国，孤独一人远离家乡，全靠演奏音乐谋生，收入十分微薄，只能勉强糊口度日。

赫歇耳在吹奏乐方面有很高的造诣，后来被选聘为宫廷里的双簧管吹奏者，他的音乐才能得以更好的发挥。不但成了一位管风琴手、小提琴手、拨弦古钢琴手、双簧管手，而且他还创作了许多音乐作品，有交响曲、小提琴协奏曲、管风琴协奏曲等。

赫歇耳从小就酷爱读书，在演奏音乐的同时，他仍然抓紧业余时间如饥似渴地读书，从不荒废点滴时间。他读的书很多，尤其喜爱数学、物理学和天文学，渐渐地对天文学发生了浓厚的兴趣，不久便成为一名天文爱好者。

赫歇耳正式成为一名业余天文工作者时，已35岁了，各方面都已比较成熟。他深知天文学是一门观测的科学，因此，所制订的业余天文工作的第一步计划，便是自己动手，磨制天文望远镜。

要动手制造望远镜，谈何容易。他已经把业余的全部时间用来搜集有关

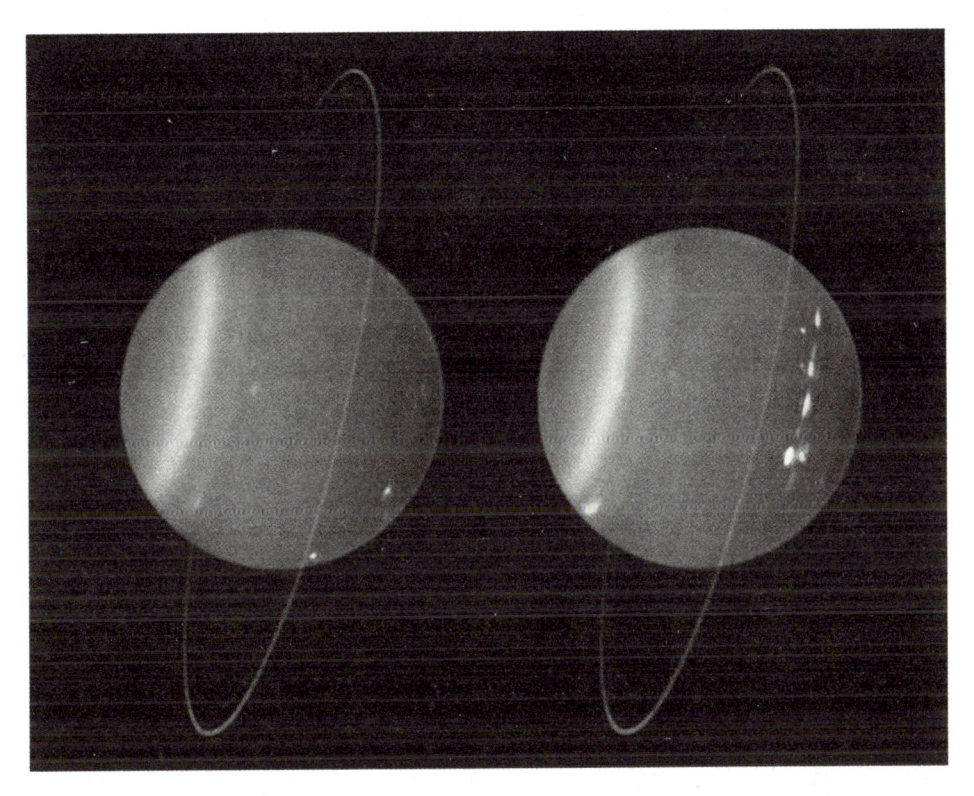

△ "躺着"转动的天王星

光学理论的参考资料，购置必要的制作工具和材料，再要安排时间磨制镜面实在是困难重重。于是，他便写信把妹妹卡罗琳从家乡接来，帮助他进行望远镜的研制工作。

那时反射镜一般都采用铜做镜面。单纯的铜面容易被氧化而失去光泽。经过大量的试验，赫歇耳确定采用两份铜与一份锡的合金做镜面。他在宫廷演奏后，一回到家，便马上进行他的镜面磨制工作。他不畏寒暑地磨制镜面，时常磨得废寝忘食，也不肯放手，饿了，就让妹妹给他喂饭吃；困了，就让妹妹在一旁为他朗读小说。他就是以这种"十年磨一剑"的精神来磨制镜面的。

1776年5月1日，一架2米长的反射望远镜，在他们兄妹的苦战中诞生了。

有了自己磨制的望远镜，赫歇耳开始了他的第二步计划——巡天观测。他珍惜每一个可以进行观测的晴夜，常常是整夜的观测，第二天还得拖着疲

83

惫的身子到宫廷去演奏，以便换来日常生活费用；晚上不管回来多晚，只要是好天，他总要打开望远镜，继续进行观测。妹妹始终跟在哥哥身边做观测记录，白天便进行整理计算。

就在他们进行巡天观测的第五个年头，即1781年3月13日，那天晚上10时许，当赫歇耳把望远镜指向双子座时，一颗从来没有看见过的新星在望远镜里出现了。

但是传统的偏见，使赫歇耳不敢相信这是太阳系里的另一个新成员——行星，于是赫歇耳便似是而非地把它当成一颗遥远的彗星。

为了弄清这颗新星的真实身份，赫歇耳迫切需要求助于整个天文学界的帮助，希望各国天文学家都来进行对这颗新星的观测。因此，他在1781年4月26日向英国皇家学会提交了一篇名叫《一颗彗星的报告》的论文，阐明了他发现的这颗新星的位置和特点，并希望各国天文学家对它进行观测。

赫歇耳的报告，引起了天文学界的极大震动，许多天文学家纷纷将天文望远镜对准这颗"不平凡"的"彗星"，进行跟踪观测。可是，根据"彗星"运行轨道的计算结果表明，这不像其他彗星那样走着一条拉长的轨道，而是十分近似其他行星所走的圆形轨道。"这难道真是一颗新行星吗？"人们经过很长一段时间的怀疑，最终不得不承认它的确是太阳系里的第七颗行星。

当时，赫歇耳以英国国王乔治三世的名字，给这颗新行星命名为"乔治星"，但是忠于神话传统的英国人，把这颗太阳系的新成员，用希腊神话中的天神"伏拉纳斯"的名字来命名它，翻译成中文就叫"天王星"。

天王星的发现，突破了人类千百年来的传统观念，第一次扩大了太阳系疆界的范围，这无疑是人们在探索宇宙的道路上，迈出了十分了不起的一步，它对于进一步认识太阳系起着意义重大的解放思想的作用。天王星的发现，犹如在平静的池塘中投入了一块石子，人们相继又发现了第八颗行星海王星，第九颗行星冥王星，乃至今天人们仍在努力寻找着的第十颗行星。

海王星的发现

海王星是太阳系八大行星之一，按距离太阳的远近（由远及近）排列为第八颗星，要借助望远镜才能看到。海王星绕太阳公转一周大约要1648年，它的一年比地球的一年长得多；它的自转周期为22小时左右，也有一年四季的变化。那么海王星是如何被发现的呢？

1781年，英国的威廉·赫歇耳用望远镜发现了天王星后，天王星曾多次被人观测，积累了许多观测资料。

1821年，巴黎天文台的数学家布瓦尔，根据新旧的观测资料，对天王星的轨道进行了计算，并发布了天王星运行表，他的表对于1781～1821年间的预测与实际观测非常符合，但对1781年以前的计算与观测就不太符合。到了1830年，天王星的观测位置与星表上的预测就不符合了，到1845年，这个偏差在黄经度上达到20之多。这究竟是怎么回事呢？

本来，一般行星都是依据万有引力的原理，沿轨道移动。如果根据观测资料，太阳与行星之间的引力相等，完全可以准确地计算出行星的轨道，布瓦尔也是这样进行计算的。

布瓦尔根据新旧资料进行计算，多次反复检查，计算并没有错误。

布瓦尔苦思冥想，"难道是天文台的观测有错误，这么多有经验的学者反复多次观测，应该没有问题。也许近年的观测资料有误？也不可能，计算经反复检查，也没有任何问题。难道是万有引力定律有问题？不，绝不可能。"

天王星的轨道成为19世纪天文上的一个"谜"，多少年来，许多科学家下了很大工夫，但仍没有人能解决。

出版一本正确的行星运行表，这是天文台的责任，这不仅是一个科学研究问题，也是关系到解决航海人员确定时间以及在地球上的位置等航海的需

吸引眼球的宇宙探秘

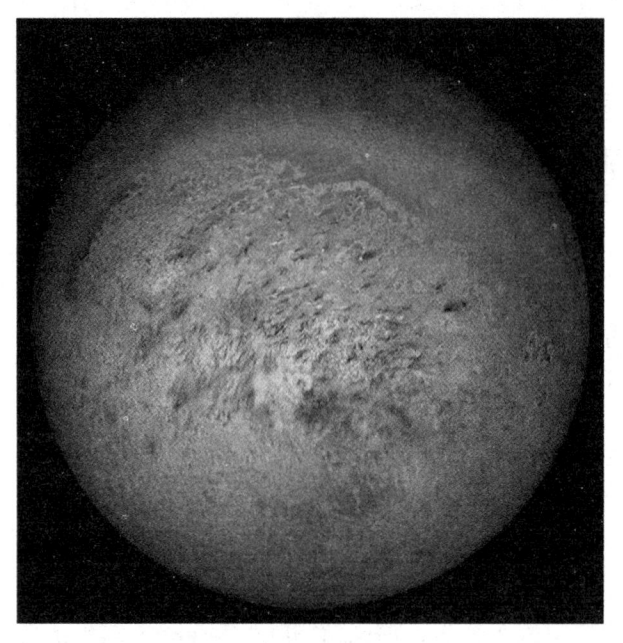

△ 海王星

要问题。

于是，巴黎天文台台长阿拉贡对青年数学家勒维烈提出了要求："勒维烈先生，赫歇耳发现天王星已经64年了，可天王星的轨道一直没有弄清楚。布瓦尔的计算结果与实测差距越来越大。看来，必须考虑重新计算。您可否立项进行研究呢？"

勒维烈迎接了这个严峻挑战，这一年正是1845年，勒维烈开始了新的研究课题。

勒维烈想："布瓦尔的计算应该不会错的，牛顿的万有引力定律也绝不可能有问题。莫非在天王星之外还有一个未发现的行星？因其距离遥远，对于土星没有显著的影响，而对于较近的天王星，有时可以扰乱其运行的轨道。"

勒维烈逐渐坚定了这个想法，开始了新的计算。

与此同时，英国剑桥大学数学系学生约·亚当斯，从格林尼治天文台台长艾利的《最近天文学》一书中，得知天王星轨道之"谜"，他综合当时天文学家对天王星轨道计算的情况，认为一定有一颗尚未发现的行星存在，新行星的引力影响了天王星轨道，绝不是万有引力定律和观测资料的错误。

亚当斯从艾利那里借来了全部观测资料，干劲十足，信心百倍地开始了计算工作。经过反复计算，于1845年10月，亚当斯完成了计算，他把计算结果呈交给格林尼治天文台台长艾利，希望借助于大望远镜找到这颗行星。

但可惜的是，思想保守的艾利只说了一句："年轻的大学生，太富于幻想了。"就把亚当斯的研究成果放进办公桌里了。

1846年6月，法国的勒维烈发表了他的研究成果，其中一篇论文引起了天文界的广泛重视，论文题目是《论使天王星运行失常的行星，它的质量、轨道和现在位置的确定》。

当艾利看到这篇论文后，马上想起了亚当斯的计算，忙从办公桌里找出来，两份资料核对后，发现勒维烈的预算位置和亚当斯的预算位置，居然惊人的一致。

惊异万分的艾利，马上把情况通知了剑桥大学的天文学者，剑桥大学的大型望远镜开始在天空搜寻这颗新行星。从7月29日到9月4日，围绕亚当斯和勒维烈的提示方向进行探寻，结果却一直没有发现。

9月23日，德国柏林天文台的加勒收到了勒维烈的一封来信，信中详细介绍了新行星的位置。

当天晚上，加勒通过望远镜在勒维烈预告新行星出现的位置只差52′的地方，找到了这颗新行星，由于在大望远镜中这颗行星呈现淡蓝的颜色，不免让人想到蔚蓝色的大海，于是人们就用罗马神话中的海神尼普顿的名字命名它，译成中文就是"海王星"。

这颗新行星是由理论计算预测的，这在天文学史上还是第一次。巴黎天文台台长阿拉贡说："天文学家有时偶尔碰见一个动点，在望远镜里发现一颗行星，可是勒维烈先生发现的这颗新的天体，却不是在天上瞥见的，他在他的笔尖下便看见这颗行星了。"

因此，也有人把海王星的发现称为是"笔尖下的新发现"。

今天，大家认为海王星是由法国的勒维烈和英国的约·亚当斯共同发现的。

海王星的发现，是摄动理论一个最有名的成就，它反映了牛顿力学在更大的宇宙尺度上，也是正确的。

吸引眼球的宇宙探秘

海王星上有风暴吗

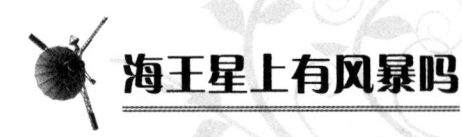

1989年8月,"旅行者"从海王星旁边飞过。在这之前的几个月,"旅行者"的照相机就可以拍摄到海王星的详细情况。这些情况从地球上是无法看到的。海王星上有一巨大鹅卵形风暴,直径大约1.28万公里,看上去犹如蓝色海王星向外注视着的一只大眼睛,科学家们称之为"大黑斑"。在这个风暴的眼里,直径640公里的"雨果"号飓风只是一个斑点而已。

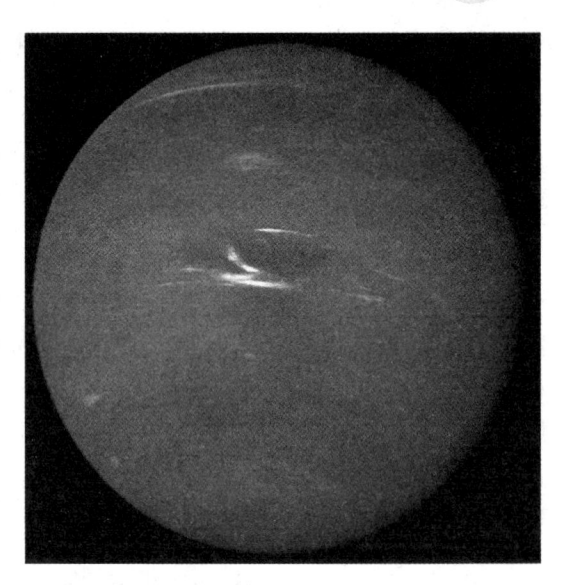

△ 海王星上的风暴

但是,这种风暴到底是由什么推动而形成的仍是一个谜。地球上的风暴是由从太阳吸收的热能推动的。可是海王星离太阳如此遥远,太阳的热能是绝对不可能推动这种风暴的。这种热能是海王星石核内的强高压和强高温发出的。

但实际如何,这些严肃的问题可能只有留待以后的科学家继续考证。

恒星是如何产生的

1955年，苏联著名天文学家阿姆巴楚米扬提出"超密说"。

他认为，恒星是由一种神秘的"星前物质"爆炸而形成的。具体地讲，这种星前物质的体积非常小，密度非常大，但它的性质人们还不清楚。不过，多数科学家都不肯接受这种观点。与"超密说"不同的是"弥漫说"，其主旨是认为恒星由低密度的星际物质构成。它的渊源可以追溯到18世纪康德和拉普拉斯提出的"星云假说"。

星际物质是一些非常稀薄的气体和细小的尘埃物质，它们在宇宙中构成了庞大的像云一样的集团。这些物质密度很小，每立方千米只有10-8～10-4克，主要成分是氢（90％）和氦（10％），它们的温度为－200～－100℃。

从观测来看，星云分为两种：被附近恒星照亮的星云和暗星云。它们的形状有网状、面包圈状等，最有名的是猎户座的"暗湾"，其形状像一匹披散着鬃毛的黑马马头，因此也叫"马头星云"，而美国科普作家阿西莫夫说它更像迪斯尼动画片中的"大灰狼"的头部和肩部。星云是构成恒星的物质，但真正构成恒星的物质量非常大，构成太阳这样的恒星需要一个方圆900亿公里的星云团。

从星云聚为恒星分为快收缩阶段和慢收缩阶段。前者历至几十万年，后者历经数十万年。星云快收缩后半径仅为原来的1％，平均密度提高1×1016倍，最后形成一个"星胚"。这是一个又浓又黑的云团，中心为一个密集核。此后进入慢收缩，也叫原恒星阶段。这时星胚温度不断升高，高到一定的程度就要闪烁身形，以示其存在，并步入幼年阶段。但这时发光尚不稳定，仍被弥漫的星云物质所包围着，并向外界抛射物质。

随着射电技术的不断进步，人们对恒星起源问题有了更深刻的认识，但就研究本身来说还有许多细节不清楚，特别是快收缩阶段，对其物理机制的认识还不全面，还需进行更全面的观测和更深入的研究。

吸引眼球的宇宙探秘

恒星是如何演化的

人类对恒星演化过程的了解，要比对恒星起源的认识更为全面和深入。

经过恒星的幼年，恒星才真正成为一颗天体。年轻的恒星仍在收缩，因此温度仍在升高。升到1000万℃以上时，星系核心的氢元素开始进行聚变反应，并释放能量。如此一来恒星变得比较稳定，并进入"青壮年期"。

人类对恒星的演化过程的科学研究中，最重要的成就是20世纪初丹麦天文学家赫茨普龙和美国天文学家罗素对恒星光谱和光度关系的研究，他们将此绘制成图，人们称此图为赫茨普龙——罗索图，简称赫——罗图。由此图可知，恒星要经过主序星（青壮年）阶段和红巨星（老年）阶段。赫——罗图非常直观，人们借此可以发现在观测到的恒星中，有90%是处在主序星阶段（太阳也处在这个阶段）。这个阶段是恒星经历最长的阶段，约几亿年到几十亿年。这时的恒星已不收缩了，燃烧后的能量全部辐射掉。它的主要特征是：大质量恒星温度高，光度大，色偏蓝；小质量恒星温度低，光度小，色偏红。

当恒星变老成为一颗红巨星时，在它的核反应中，除了氢之外，氦也开始燃烧，接着又有碳加入燃烧行列。此时它的中心温度更高，可达几亿度，发光强度也升高，体积也变得庞大。猎户座的参宿四就是一颗最老的红巨星。太阳老了也会变成红巨星，那时它将膨胀得非常大，以至于会把地球吞掉——如果那时人类还存在着，就要"搬家"了，搬到离太阳远一些的行星上去住。

赫-罗图的建立，是天体物理学研究取得的重要成就之一。但是由于材料尚不够完善，人们对恒星演化过程的许多细节还不很清楚，如星际物质的化学成分、尘埃和气体的比例、尘埃的吸收力等，这也使恒星演化理论受到了一种极大的挑战。

恒星的结局如何

当恒星达到红巨星阶段时,它要急剧地膨胀,一般半径可达5000万公里(太阳半径为70万公里)。中心部分虽经多次收缩,但抛射的物质很多,剩下的物质对它的结局至关重要。

这里引入一个符号"M",表示太阳质量。当恒星剩下物质的质量 $M<1.4M$ 时,恒星会变为一颗白矮星。它的密度很大,每立方厘米可达几十公斤至几十吨。1.4M的量称作钱德拉塞卡极限,这是著名美籍印度天体物理学家钱德拉塞卡于1931年提出的。当白矮星温度不断下降,其光度越来越低,以至于越来越暗,变成了"黑矮星"。较早发现的白矮星是天狼星的伴星,这是1962年被美国天文学家卢依顿发现,并在1964年被瑞士天文学家兹维基所认证的。据估计,银河系内有50亿颗白矮星。

当恒星能量耗尽之后,它的质量在1.4~2M之间,恒星就会变成中子星。一般的理论认为,中子星是超新星爆发的产物,但是也有人反对这种看法,认为其爆炸的程度足以使星体崩溃,而不留残骸。不管怎样,1967年,英国女研究生贝尔发现了中子星,到目前为止,已发现500多颗中子星。中子星密度极高,可达每立方厘米10亿吨,令人不可思议。

质量大于2M的恒星,在能量耗尽后,星体将会无限制地收缩成为黑洞。对于黑洞的研究并不少,但对其内部结构却知之甚少。它的最大特点是引力非常大,以至于光子都被它吸进去而不能逃掉。这也是它之所以被称作"黑洞"的缘由。一般来说,黑洞的体积非常小,半径小于5.2公里。

现在,关于恒星结局的观点是比较粗糙的,随着观测材料的不断积累而会揭开一个又一个的谜题,使理论不断得到完善。

吸引眼球的宇宙探秘

太阳系是如何产生的

关于太阳系的起源问题，200多年来一直没有一种权威说法，人们提出了一种又一种假说，累计起来，大概有40种之多。其中影响比较大的，主要有以下几种观点。

星云说。这种观点首先由德国伟大的哲学家康德提出来，几十年以后，法国著名数学家拉普拉斯又独立提出了这一观点。他们认为，整个太阳系的物质都是由同一个原始星云形成的，星云的中心部分形成了太阳，星云的外围部分形成了行星。不过，康德和拉普拉斯的观点也有着明显的分歧，康德认为太阳系是由星云的进化性演变形成的，先形成太阳，后形成行星；拉普拉斯则相反，认为原始星云是气态的，且十分灼热，因其迅速旋转，先分离成圆环，圆环凝聚后形成行星，太阳的形成要比行星晚些。尽管他们的观点有这样大的差别，但是大前提是一致的，因此人们便把他们合在一起称这一理论为"康德——拉普拉斯假说"。

这一假说在当时得到普遍拥护和接受。近些年来，这一假说又有复活的趋势。美国天文学家卡梅隆认为，太阳系原始星云是巨大的星际云抛出的一小片云，起初是在自转，同时在自身引力下收缩，其中心部分形成太阳，外围变成星云盘，星云盘后来形成行星。我国天文学家戴文赛、苏联天文学家萨弗隆诺夫、日本天文学家林忠四郎等人也都是这一观点的拥护者。

灾变说。由于"康德——拉普拉斯假说"无法解释太阳和各行星之间动量矩的分配问题，因此在20世纪初，灾变说盛行起来，这一假说的代表人物是英国天文学家金斯。他认为，行星的形成是一颗恒星偶然从太阳身边掠过，把太阳上的一部分东西拉了出来的结果。太阳受到它起潮力的作用，从太阳表面抛出一股气流。气流凝聚后，变成了行星。这一假说有许多变种，如美国天文学家钱伯非等人提出的星子说，杰弗里斯提出的恒星与太阳相撞

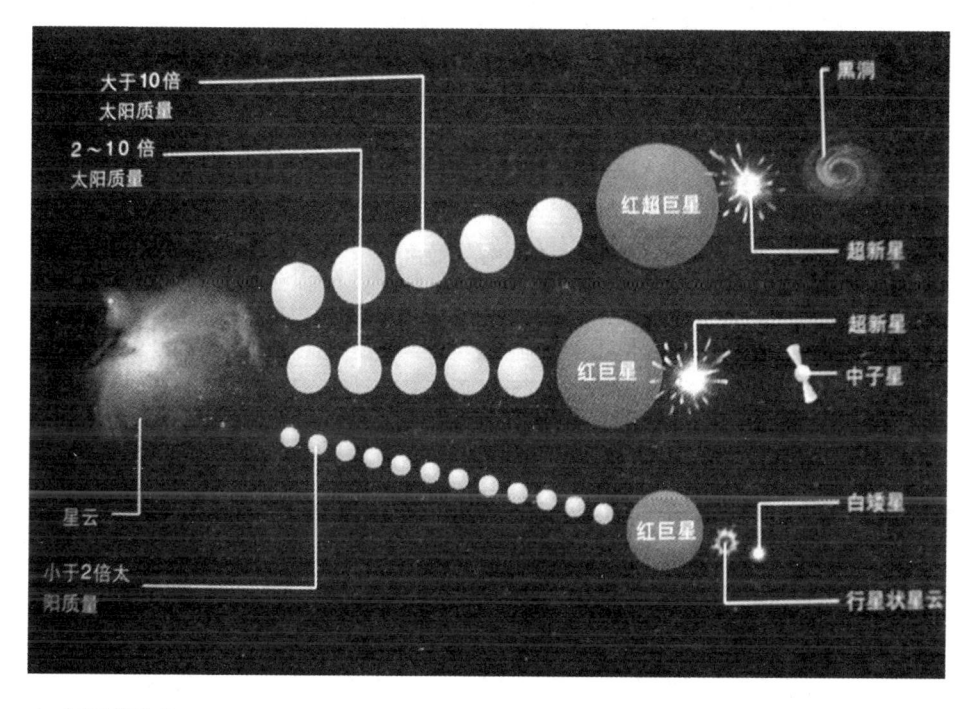

△ 恒星的演化

说等。这一假说，足足占据了天文学家们的头脑长达30年之久。最近几年，灾变说又活跃起来，霍尔夫森就是这一观点的拥护者，他的最新解释是，形成行星的气体流是从掠过太阳的太空天体中抛射出来的。

但天文学家们经过计算后认为，气体中的物质在空间弥散开来之后，不会产生凝聚现象。这是对灾变说的釜底抽薪。于是，"俘获说"便应运而生。这一假说最早是苏联科学家施密特提出来的，他认为，当太阳某个时候经过气体尘埃星云时，把星云中的物质"据为己有"，形成绕太阳旋转的星云盘，并逐渐形成各个行星及其卫星。德国的魏扎克、美国的何伊伯也都是这一观点的拥护者，但他们的看法与施密特稍有不同。

各种假说都有充分的观测、计算和理论根据，但也都有致命的不足，所以一直也没有一种假说被人们普遍接受。

太阳系有第二条小行星带吗

众所周知，在火星和木星之间有个小行星带，太阳系的多数小行星都集中在这里。一些天文学家分析，小行星之所以都集中在这里，是由于几十亿年间大行星的引力摄动逐渐形成的。那么，在木星和土星之间，会不会有第二条小行星带呢？

一些天文学家测定，大多数小行星在6000年后可能要被驱散，留下的少数小行星分布在位于木星到太阳平均距离1.35倍和1.45倍的两条带里。可是最新的测定表明，所有的小行星最终都要移动，其中最稳定的小行星持续的时间不超过900万年。这说明在太阳系内有可能存在第二条小行星带。

但是，美国马萨诸塞州的三位科学家富兰克林、莱卡尔和索珀经过深入观测和研究，认为在木星和土星之间不可能存在一条小行星带，因为在这两大行星之间，没有发现假设的小倾角小行星轨道。

事情到此远远没有结束，"脱罗央群"小行星的发现，又给人们带来了希望。前些年天文学家发现在木星轨道上有一群脱罗央小行星。小行星分成两组，分别位于木星前后方60°处的两个拉格朗日重力平衡点周围，与木星同步运行。最新的一项研究表明，似乎火星也有自己的脱罗央群小行星。1990年6月19日晚，美国帕洛玛天文台的霍尔特和《天空与望远镜》杂志专栏作家列维用望远镜拍摄到了一个17星等的移动天体，临时编号为1990mB。经计算表明，这是位于火星轨道重力平衡点上的一颗小行星。

有些天文学家推测：在距土星之前和之后的轨道60°的位置上也可能有脱罗央群小行星，高倾角轨道也可能提供这种小行星的存在。不过，目前还没找到它的存在。

《牛郎织女》能相会吗

现代生活里,生活在城市里的人已经很少能够欣赏到银河的美景了,因为在城市里,实际上看到的是灯河而不是星河。现在看星河必须到郊区或者山区去。我们小时候听老师说,《牛郎织女》隔河相望,这条"河"是什么组成的"河"呢?银河。只要有《牛郎织女》这个故事的存在,就有对银河的认识。

那么,究竟《牛郎织女》这个故事在中国发生在什么时代呢?什么时候我们中国人就已经知道天上有这么一条河,或者明确地表达出来说这是一条银河呢?至少可以追溯到西周时代,也就是3000多年以前。为什么这么说呢?《诗经》里有一首诗叫《大东》,它是这么讲的:"跂彼织女,终日七襄。虽则七襄,不成报章。皖彼牵牛,不以服箱。"用现代汉语翻译过来就是说,在天上的织女差不多每天需要14个小时在天空中运行。就是说,从织女星开始出来一直到它落下地平线大概需要14个小时,过去我们叫7个时辰。织女在天上运行了这么长的时间,但是她没有织成一匹布。这首诗产生的时代是西周时代,而且说河对岸的牛郎给她拿着箱子,但是箱子里是空的。为什么呢?因为织女没有织出布来。在不同民族的国家里,对银河都有一些不同的想象,例如在西方,银河叫"milk way",就是"牛奶铺成的路"。我们看到的银河是一条发白的光带,这个光带被想象成奶流出来的一条路。那么,"milk way"是如何来的呢?在希腊神话里,主神宙斯的妻子赫拉,她的孩子把她的乳房抓破了,所以她的奶就流到天上去形成了"milk way"。而中国人的想象最浪漫,最有诗情画意:《牛郎织女》隔着一条河,而且每年在七月初七的时候,通过鹊桥来相会。

但实际上从天文学上来讲,《牛郎织女》相距16光年,相聚是很困难的。在夏季的星空里,有一道很亮的光带,这就是银河。在这个光带里,有

95

吸引眼球的宇宙探秘

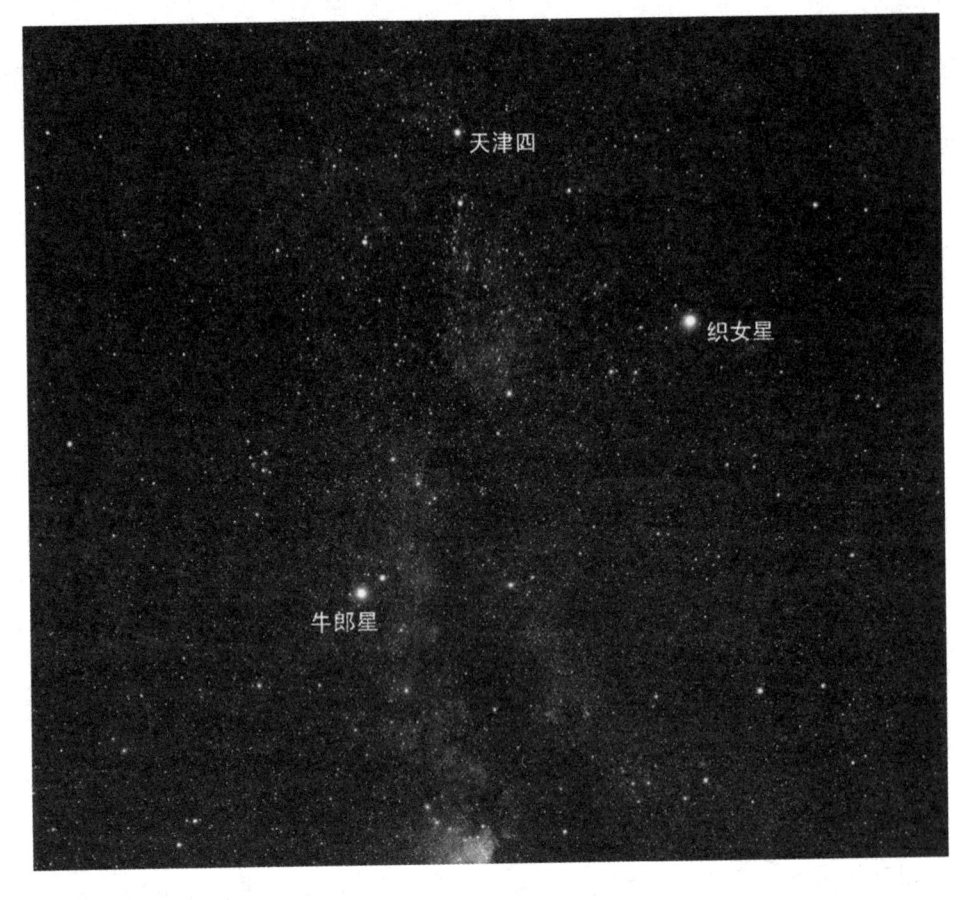

△ 牛郎织女星

一个是织女星，在河的对岸有一个牛郎星。银河在夏季看得非常明显。那么这样一条银河究竟是什么东西呢？一直到1609年伽利略发明了望远镜，人们才揭开了这个谜。伽利略用望远镜第一次指向天空的时候，就指向了银河。这条银河大家已经想象很多年了，当伽利略把望远镜指向它的时候，发现这条"奶路"原来是星河，就是非常密集的恒星所组成的一条河。此时，距离《牛郎织女》的传说已经两千年了。但是伽利略发现了星河以后，就此停步了。伽利略之后，真正关心银河系的人应该算是赫歇尔。赫歇尔本来是一个音乐家，一个合唱团的指挥，同时也作曲，但是他的业余爱好是天文学。1785年，赫歇尔想要看看伽利略所看到的银河到底是怎么回事，并把它作为一个研究的目标。

宇宙中还有别的太阳系吗

浩瀚宇宙广阔无边，其中所包含的奥秘深不可测。

除我们的太阳系以外，还有第二个、第三个太阳系吗？如果有，那么另外的"太阳系"在哪里？现在随着织女星周围发现行星系，有人认为已经找到了宇宙中的第二个"太阳系"，这宇宙中的第二个"太阳系"是怎样发现的呢？

1983年1月，美国、荷兰、英国三个国家成功地发射了红外天文卫星。后来，天文学家们利用这颗卫星意外地发现天琴座主星——织女星的周围存在类似行星的固体环。

这次发现在世界上还是头一次，可以说是不同凡响的、划时代的发现。

织女星周围的物质吸收了织女星的辐射热，放射出红外线。红外天文卫星也正是接收它所放射的红外线，比较四个不同接收波段的强度便可计算出该物体的温度为90K（约-180℃）。一般来说，恒星的温度下限约为500K。如果温度为90K时，这就是说那个物体是颗行星。而且，如果织女星真的也有行星系的话，它便相当于外行星。

美国、荷兰、英国合作发射的卫星是世界上第一颗红外天文卫星，主要用于探测全天候的红外源，对红外源进行登记造册。一般红外天文望远镜不能探出宇宙中的低温物体。因为大气中的水分和二氧化碳气体大量吸收了来自宇宙的红外线及地球热，又会释放互相干扰的红外线。而红外天文卫星将装置仪器用极低温的液态氦进行冷却，所以才有了这次的发现。

织女星行星系与太阳系行星一般大小相同。由于织女星发出的总能量是已知的，通过90K的物体的温度便能求出织女星和该物体之间的距离，也就是可以求出该行星系的半径。

织女星距离地球26光年，是全天第四亮星。直径是太阳的2.5倍，质量约

吸引眼球的宇宙探秘

△ 宇宙中还有别的太阳系吗

是太阳的3倍，表面温度约为10000℃，比太阳的表面温度（约6000℃）高。织女星诞生于10亿年前，太阳诞生于45亿年前，相比之下，织女星要年轻得多。地球大致是与太阳同时诞生的，若认为织女星的行星也跟织女星同时诞生，那么就可以认为它的行星应处在演化的初期阶段。

依据行星形成的一般假说，当恒星产生时，在它的周围散发着范围为太阳系一百倍的分子气体云环，因长期相互作用而分成若干个物质团块，进而形成行星。

东京天文台曾公布说，他们用射电望远镜在猎户座星云等地方发现"行星系的婴儿"，也可以说是原始行星系星云。

然而上述发现，可以说是行星形成过程中的不同阶段。深入分析和研究这两个不同阶段，以及更正确地描写织女星的行星系，为探寻宇宙中是否还存在其他太阳系的工作奠定了基础，这也是我们迫切想解开的宇宙之谜之一。

银河系是如何形成的

地球是人类赖以生存的一颗行星，它身处太阳系，而太阳又仅仅是广大银河系中一颗不耀眼的普通恒星。在银河系中深藏着多达4000亿颗质量比太阳大几十倍、几百倍甚至上千倍的恒星。

伽利略是第一个用自制望远镜观测银河的人，他发现银河是由无数颗明亮的恒星组成的。用肉眼看，它隐隐约约地以环带形式完整地在天空中延伸，仿佛是一条银白色的带子"漂浮"在太空中，所以银河由此而得名。

20世纪之前，人们一直猜测太阳系位于银河系的中心，这一错误认识，直到20世纪30年代才由特朗普勒经过仔细研究后纠正过来。经过光学天文工作者探测，初步探知了银河系的大体结构，测知银河系的中心在人马座方向。直至20世纪50年代，科学家们才确认并描绘出太阳在银河系中的大体位置。

自17世纪以来，当人们的视线逐步扩大到银河系之外时，可以说所见的景象简直快把人给吓呆了！一望无际的银河系只不过是宇宙大海中的一片树叶。在此之前，德国的哲学家康德、瑞典学者斯维登堡和英国仪器制造家兼数学家赖特等人都曾猜想过，一些云雾状天体应是像银河一样由恒星构成的"宇宙岛"。第一个通过观测证实宇宙岛假说的是英国天文学家赫歇耳。他通过观测，肯定了康德等人的猜想。

但是，围绕着宇宙岛是否存在的问题，在天文学界一直争论到20世纪20年代。美国的天文学家哈勃用照相的方法，在仙女座大星云中找到了不少"造父变星"，测出了它们的光变周期和视星等，得出了仙女座大星云的距离，证明它是处在银河系之外。自此以后，争论逐渐平息，那些认为银河系是宇宙中唯一庞大天体的科学家在事实面前也转变了态度，这使人类对河外星系的认识又向前迈了一步。

吸引眼球的宇宙探秘

△ 银河系

早在1914年，美国天文学家斯里弗就曾发现，在他所观测的15个星系中，有13个在以每秒数百公里的速度离开我们。

1929年，哈勃在研究24个星系的光谱时，发现所有的星系都存在红移现象。如果红移现象用多普勒效应来解释，它就表明所有的星系都在相互退行，也就表明宇宙在膨胀。

1930年，英国天文学家爱丁顿随即提出膨胀宇宙的假说；1948年，美国物理学家伽莫夫把宇宙膨胀论和基本粒子的运动综合起来，提出了大爆炸宇宙学。直到今天，大爆炸宇宙学在天文学领域仍占有举足轻重的地位，是为大多数天文学家所公认的宇宙模型。

从对星系的探索中可以看出，星系起源等研究课题算是刚刚起步。过去由于在天文方面比较落后，用肉眼或较落后的望远镜观察太空，必然会受到极大的限制。随着科学技术的进步，我们的视野在逐渐扩大，从太阳系扩展到银河系，从银河系扩展到河外星系，现在可通过哈勃望远镜观测到距离我们达130亿光年的天体。

但是时至今日，有关银河系是如何形成的问题仍然一直在困扰着人们。按说，积累对星系起源和演化的知识，为探索星系起源和演化的奥秘铺垫成功的道路，就必须仰仗科学的观测方法，去观测那些遥远的星系，利用时间工具在那些遥远星系的身上寻找到银河系过去的身影。尽管许多天文学家在这一重要领域里撒下了无数的汗水，取得了一定的进展，但其结果不如人意。这也许是因为距离太遥远使观测数值误差增大，也许是我们所使用的观测方法及计算工具本身就存在着一定的误差。尽管探测工作中有许多无法超越的障碍，但是我们还是借助有利的观测手段取得了一些可喜的成就。目前，天文学家已经描绘出了银河系最真实的地图，这将为我们今后研究银河的形成原因提供很大的帮助。

现有的一切观测数据及映入人们眼帘的太空景象，虽然无法像"看图识字"那样可以简单地让人们认知，但其总体轮廓和它们之间内在的联系已基本显现。只要我们的想象力符合科学逻辑，思维的方向能够找到正确的途径，完善地建立起贴近现实的宇宙演化模型，就有可能通过理论研究来完成宇宙起源这一历史使命。当然，研究星系起源和演化问题的历史非常短，迄今为止，还没有一个令大多数天文学家满意的、较为成熟的理论。但我们相信随着科技的发展，破解银河系形成之谜指日可待。

上帝就是古代太空人吗

圣经上充满神秘和矛盾。

旧约创世纪上,一开始就说明神造地球一事,上面记述了绝对正确的地理形状。然而记事者怎么会知道矿物先于植物,植物先于动物的道理呢?

"神说:我们要照着我们的形象,按着我们的样式造人。"

神为什么用复数来表示呢?为什么说"我们"而不说"我"呢?用"我们的"而不用"我的"呢?想一想吧,唯一的上帝对人类讲话时,该用单数,而不应该用复数才是。

"当人在地球上繁殖起来,又生女儿的时候,神的儿子们看见人的女子美貌,就随意挑选,要来为妻。"

谁能说出,为什么神的那些儿子娶人的女子做太太?古代的以色列有一位神圣的神,那么"神的儿子们"从哪里来的呢?

"那时候有巨人在地上。后来神的儿子们和人的女子们交合生子,那就是上古英武有名的人。"

我们再度有神的儿子们和人类交合生子。此地我们第一次提到了巨人,巨人在全球各地生长:在东方和西方的神话中,在梯华那柯城的英雄故事中,和在爱斯基摩人的诗史中,巨人几乎在所有古典著作中出现。因此,他们一定是存在过。这些巨人,究竟是那一类动物呢?这群能建造雄伟的巨厦,不费吹灰之力搬动沉重石块的巨人,是我们的祖先吗?或者是具有精良技术而来自另一个星球的太空游客吗?圣经上称他们为"巨人",为神的儿子,这群"神的儿子"与人的女人们结合,最后繁殖子孙。

有一天黄昏时分,罗德神父坐在城门附近。看到两位天使正朝苏塘姆城走来,罗德正在恭候这两位装扮成人形的"天使",他立刻就认出他们,并殷勤地邀请两人在他们家里过一宿。《圣经》上说,城里的人要求知道这两位陌生人的来历，但是这两位陌生人，就干脆直截地驱走了这群花花公子形的地痞流氓。俩人并严斥这些盲从而惹是生非之徒。

天使告诉罗德，携带太太、儿子、女儿、女婿和媳妇，尽快离城。他们警告他，这城不久就要毁灭。全家人都不信这个古怪的警告，把它看做是罗德又一次的恶作剧。创世纪上说：

"当晨曦微露，两天使赶紧催促罗德，赶快起来，带领太太，并带两位正在母亲身边的女儿走，免得她们随着这个充满邪恶的城同归于尽，当罗德正犹豫间，两人就一把抓起他的手和他太太的手，和他女儿们的手就往外边走。口中频频念着上帝的慈悲，拉着他们就走到城外。他们走到郊外，并说，逃命吧！不可回头张望，也不要停留在平地上，逃到山里去，免得送掉老命。……快快逃命，逃向那边，在你们到达那里之前，我们是不能有什么作为的。"

根据这一记载，无疑这两位陌生人，即所谓的"天使"藏有为该城居民所不知道的武器，从那种匆促急迫地驱赶罗德家人的情形看来，会使我们作如此想。当罗德迟疑不决，他们就迫不及待地拖着他往外奔。他们必须尽快离开。他们命令罗德逃入山里，不准回头张望。同时，罗德对两位天使好像并没有很大的尊敬，因而也不断地抱怨说："我不愿躲到山里去，一旦碰到野兽，我就没命了。"天使却正色地对他说，如果他不跟他们赶快走，他们对他就无可奈何了……

结果，苏墟姆城真正发生了些什么事呢？我们不能就肯定地说全能的上帝在那里埋下什么定时性的东西，但是两位天使为什么催促得如此紧迫呢，是有什么毁灭性的力量要使此城化为灰烬，抑或是在那里埋下了定时性的东西呢？是不是天使们已经知道，毁灭性的事件已经迫近到读秒阶段了呢？就这件事来看，毁灭性的时刻显然是迫不及待了。难道没有更加简单的方法，使罗德家人安全脱离险境么？他们为什么不惜一切代价，而要逃入山区呢，又为什么禁止他们回头张望呢？

当然这一连串的问题看来有些愚蠢。但是自从在日本投下两颗原子弹之后，我们都知道这种炸弹所引起毁灭性的程度。生物遭到放射性的闪光，就立刻死去，或到得一生一世无法医治的瘫痪时，我们不妨低首回想一下，苏

103

塘姆和戈茂拉两城，是依照既定计划来毁减的：即是有计划地核子爆炸。同时我们再稍微进一步想，也许"天使"只想毁去具有危险的分裂性物质，同时也想乘机清除掉一个为他们所不喜欢的种族。所以免于毁灭的罗德家人，就必须离开爆炸中心点远远的，因而必须躲进山里去，因为岩石有吸收这种强力危险辐射线的能力。我们都知道，罗德的太太不听警告，转过头来，直视原子闪光的惨痛结果。在今天对她的当场死去，不会感到什么意外。《圣经》上说："那时上帝将硫矿与火焰降于苏城和甘城……"

下列记载这次灾变的最后情形：

"亚伯拉罕清早起来，到了他从前站在耶和华面前的地方，向苏塘姆和戈茂拉，及附近的平原观望，不料那地方烟雾上升，如同烧窑一般。"

我们也许和我们的祖先们一样地具有宗教信仰，但我们却不大容易轻信。以世界上最优秀的智慧，我们却无法想象一个万能无比而超出时间之外的上帝，而竟会不知道发生些什么的。上帝造人，而且很满意的杰作。可是事后神又好像对自己的业绩有些后悔，因为这同一个造物主，竟决定毁掉人类。对这一时代的人来说，这个无比仁慈的"主宰"，会对罗德一家人的偏爱，竟然超过一切之上，也是很难理解的。在旧约上，关于上帝或者是天使降至人间，制造大纷扰，也有很动人的描写。先知艾齐格，对这样的事情，有较早的报道。

"时为30年4月5日，我和其他人一起被围困在齐巴河泛滥的河水中，突然天空中一声巨响——我抬头注视，北方刮起一阵旋风，吹来一堆密云，云中卷着一团火球，光芒四射，在密云火球中间，有一个似琥珀色的东西。同时在这个火球中钻出四个酷似动物的东西来。他们的面貌，看起来活像一个人。每一个人具有四个面孔，并且每人长着四张翅膀。他们的腿是直挺挺的，他们的脚掌看来生得像牛蹄子一般，他们放射出如黄铜般的颜色。"

艾齐格对这辆车了给予详细地描述。他描写从北方飞来一艘飞船，喷射浓烟和火光，卷起飞沙走石。现在旧约上把神当作万能无比。然而为什么这个万能无比的神，要从一个特定的方向行驶，何以不能无声无息来去自如呢？

我们不妨再进一步看看这位目击者的描述吧："当时，我专心致志地看着这个怪物，注视着这个长着四个面孔的怪物的一个轮子落地。这怪物及其所佩戴的各种附件都是绿玉色的，四个怪物长得一模一样，他们的外形和配备，和车上的轮子相同。当他们行走时，四边同时移动，在行进中，很少转弯。说到他们的翅膀，都高高地耸起，很是怕人，四个怪物周身都长满如眼睛般的洞洞。当这怪物行动时，轮子跟着一起移动，当这怪物腾跃悬空时，轮子也就一起离开了地面。"

这种描写真叫人拍案叫绝。艾齐格说每一个轮子彼此在中间交错。会是一种错觉？就我们目前的想法，他所看到的，恰是美国在沙漠及沼泽地带所使用的一种特别设计的车子。根据艾齐格的说法，这些轮子是与那怪物的翅膀同时升起的。他的看法是完全正确的。本来嘛：这种多目标车子的轮子（就是水陆两用直升机），当机身腾空而去时，轮子不会仍留在地面上的。

艾齐格继续听到："凡夫俗子，站着别动，且听我说。"

写故事的人听到这话，吓得连忙把头埋入土里，浑身发抖。这些古怪的妖魔称艾齐格为"凡夫俗子"，并且和他谈话。故事继续称："……我听到背后传来一阵很大的声音说，愿荣耀的主祝福你。我也听到这怪物的翅膀彼此碰撞时的吵杂声，轮子触碰到翅膀发出的金属声，和一阵阵刺耳的喧嚣声。"

除了这段对车子的仔细形容外，艾齐格也指出这不可思议的怪物起飞时的喧闹声。他不厌其烦地形容由翅膀和轮子所造成的吵闹声。这不是一个亲眼目击者的现身说明吗？"神"对艾齐格说，恢复国家的法律和秩序是他的职责。们把他请进车子里，对他声明们没有放弃这个国家。这次经历对艾齐格的印象非常深刻，因为他一再地描写这部古怪的车子，即可知道。将近有三次之多，他提到一个轮子装在另一个轮子的中间，并且称四个轮子"在四边同时并进……进行中从不转弯"。对他印象特别深刻的是车身上，车背面，车轴上和翅膀及轮子上都"长满了眼睛"。"神"最后告诉这位目击者，们此行的目的和宗旨，神们告诉他，他是处在一所视而不见，充耳不闻的"充满纷扰的屋子"中间。就像许多记载这些怪异降临的神话故事一样，当人们讲述完一般情形之后，接着就指示他恢复法律秩序，同时发展创造文明。艾齐格很严肃地接受这种神圣的使命，并将"神"的圣谕传示

105

吸引眼球的宇宙探秘

给大家知晓。

又一次，我们碰到了各种各类的疑问了。

谁对艾齐格说话？他们是哪一类动物？

从这些话的一般意义上看，们的确不是"神"，不然他们就不需要靠车子来代步了。在我看来，这一种笨重的机器与至高至上的"神"的观念不甚配合。

与此相呼应的，《圣经》上记载着另一种机械，也是值得仔细了解其究竟的。

这诰谕的内容很详细——如在那一部位装置圆环和把手，怎样装置，以及用那些合金来制造，都有详尽的说明。诰谕上强调、每一件装置都要很正确地照"神"的要求制造装配。屡次告诫摩西，不准有任何差错。

"要谨慎做这些事物，都要照着在山上指示你的样式。""神"也告诉摩西，是在怜悯的宝座上跟他说话的。告诉摩西，不准任何人走近约柜，并详细地指示，当约柜运去时，身上及脚上应穿戴些什么装束。虽然叮咛得如此周密，却仍有百密一疏的。大卫移动了约柜，乌查帮助搬动装有约柜的车子。当经过牛群时，撞翻踏碎约柜的当儿，乌查赶忙把约柜抱起来。结果他像被电击似的，当场倒地死亡。

令人觉得，这约柜上有电磁装置。如果我们今天按照摩西所留下的指示重制一个约柜，定会造出一个可发出数百伏特的电流器。边缘和金冠是这座电池及正负电极的容器。此外，如果在怜悯座位上的两天使之一发生磁场的作用，不就是一座用作摩西和太空船之间传递消息的，设备完整的扩音器吗。关于约柜制造可从圣经中获得详细的情形。毋庸详查出埃及记，我也会记得，约柜周围常放射出火花这一回事，当摩西需要协助和忠告时，他就拨动通话机。摩西经常听到神的声音，但却从来不曾面对面说过话。有一次他曾要求神亲自显身，他的"神"却回答说："你不可能看到我，因为看到我的人，没有一个是活着的。"神说："注意听着，我附近有一块地方，你站在一块磐石上，我的荣耀经过的时候，我会将你放在磐石的穴中，用我的手遮住你，等我过去，然后我将我的手收回，你就得见我的背，却不得见我的面。"

在一些古籍上，有同样惟妙惟肖的记载。比《圣经》还要古老，起源于苏美族的祁加美诗史的第五表上，我们找到非常相同的句子："没有凡夫能走近'神'所住的山上，要是谁看到了'神'的面孔，谁就会立刻死去。"

在其他一些流传下来的古代经籍里，我们也发现了相同的叙述。"神"为什么不愿面对面地将其形象显露呢，他们为什么不摘下面具来，他们顾虑些什么呢？抑或出埃及记上所说的，是完全从祁加美诗史上抄录下来的，这是很可能的。摩西毕竟是在埃及皇室中长大的。或许，在那些岁月中，他经常接近图书馆，拮取了一些古代的神秘也未可知。

我们实在应该探究一下旧约的年代，因为有许多事实提到生在较后的大卫王，与他那个时代身长六指六趾的巨人打仗的情形。我们也应该想到，这些古代的史实，英雄故事和小说，可能在一个地方搜集编撰，而后加以增删改编，再流传到各地的。

近几年来，在死海附近所发现的可兰经，对《创世纪》一书的主张提供了极有价值的资料。在几本到目前为止尚不太著名的经篇上，一再提到战车，天国的子民、轮子，放射浓烟的飞行怪物等。在摩西启示录中记载夏娃抬头朝天上仰视，看到一列光芒四射的战车在那里经过，那战车由四只秃鹰拖拉着。据摩西说：没有一个地球上的人能将它的华丽壮观描绘得淋漓尽致的。最后该战车停在亚当面前，浓烟从轮子中间喷射出来。这个故事实际上没有多少新鲜的地方。仍然是光芒四射的车子，轮子，喷射烟雾的豪华怪物，跟以前所述的一样，只是与亚当和夏娃连在一起而已。

拉墨卷帙上有一件怪诞有趣的记载。这卷帙是一些断简残篇，篇章和句子都斑驳不齐。但是，所能辨认的古怪事情也是值得一述的。

据说诺阿的父亲拉墨，在一个天气晴朗的日子，从外地回到家里，奇怪地发现一个面貌娇秀的小孩在家里，从这孩子的相貌上看，是不属于他们家的。因此他就申斥太座依娜希，并宣称这小孩不是他的。依娜希指天发誓说，孩子的确是他的，绝不是和士兵、陌生人或是"天上的孩子们"乱来而怀孕的（我们不禁要问，依娜希所说的"天上的孩子们"究竟指的是什么？从各种迹象看来，这幕家庭喜剧该发生在大洪水以前）。当然拉墨不信太座的申辩，十分气恼地走到父亲米塞希拉（Methuselah）那里去。他在那里将使

吸引眼球的宇宙探秘

他懊丧的家丑事情说给父亲听,米塞希拉倾听完毕,思忖再三也怅然不知所以,就亲自去向聪明的依诺克(Enoch)讨教。这个家族中的小家伙,竟引起那么多的家庭纷扰,使得老祖父不辞辛劳地长途跋涉。因为要把这孩子的出生弄个水落石出。老人向依诺克陈述他儿子的家里有一个小孩,长相不像一般人,却极像神之子,他的眼睛、头发、皮肤与家里的其他人都不一样。

依诺克听完了老米的故事,就送他上路,很忧戚地告诉他说,因为地球上充满了卑污邪恶,所以大审判的日子快要到来,那时人类和一切动物都遭毁灭。至于这个使他们家庭起疑的孩子,是选择来逃过这次地球上大审判的,而作为在大审判中留存下来的人及动物的领袖。因此,他应该要他的儿子将这小孩取名为诺阿。老米回到家里,告诉儿子拉墨这一切事情的原委。拉墨不得不承认,这位与众不同小子是他的亲生子,并取名为诺阿。

这件有趣的家庭喜剧,告诉诺阿的父母关于大洪水到来的事情,使得祖父老米从伊诺克那里得到大祸临头的消息。不久,伊诺克就乘上天国来的明亮车子消失不见。

人类是否曾与外太空来的另一种人类交合而产生的,不是一个很严肃的问题吗?否则经常所发生的对低等智慧种族的消灭,以及人类与巨人及"天上的孩子们"交合生子,又是什么意思呢?从这一角度来看,大洪水是为了要消灭人类,仅保存少数优秀的人种的一项有规模的计划。有关大洪水的事情历史上斑斑可考,那么如果大洪水是处心积虑地计划和准备的——在数百年前,诺阿就接受天谕建造方舟一事,就可知道。再不能把这件事仅看做是一件神的审判了。

在今天,生育一个智慧聪明的人种不再被视为是一种荒谬的想法了。梯华那柯城的英雄故事和太阳门墙壁上所铭刻的经文,都谈到老祖母乘太空船来到地球上,生育子女的事,有些圣经上也不厌其烦地阐述"神"按照自己的想法造人的故事。有些经籍上记载,在人被造得如"神"所希望的那样之前,是经过数次实验的。依照地球上曾经有过,来自宇宙间其他地方的智性动物访问过的理论,我们可以想象,我们同样使其他一些动物编造这些荒诞不经的故事。

从一连串"神"所提供给我们祖先的证据中,竟使我们的老祖宗生出许多奇怪的问题。他们的要求绝不是限于香火和牲畜牺牲而已，神们所开出的那张长长的贡品清单，包括一笔很大数字的特定金属合金辅币在内。因为在古代东方艾格柏地方，已经找到了世界上最大的熔设备，其中包括一套为特别目的而设计的空气调节管，烟囱及通风口的特别现代化的炉子。今天的冶金专家们，曾对史前的装置设备，及如何铜的问题，碰到无法解释的困难。但自在艾格柏地方的洞穴和地道中找到了人量铜硫酸之后，无形地已经解答了这问题了。这些所发现的，据估计至少有五千年以上的历史。

　　一旦我们的太空游客，碰上另一颗行星上的原始民族，他们也会被看做是"神的儿子"或者就被看做是"神"。也许我们的智慧要远超过那些尚未发现的地方，而到目前为止，那些连想都想象不到的地方，比我们的祖先们编撰怪诞故事的那个时代还要落后许多。但是，一旦我们登陆的那些地方，他们竟远比我们进步，我们的太空人竟不被当作"神"来接待，嘲笑他们是远落在时代后面的低等动物时，又是多么使人失望啊！

类地行星之谜

类地行星是与地球相类似的行星。它们距离太阳近,体积和质量都较小,平均密度较大,表面温度较高,大小与地球差不多,也都是由岩石构成的。

天文学家已经在银河系发现了若干和地球相似的表面由岩石构成的行星。它们的质量远远超过地球,也缺乏围绕旋转的类似太阳的星球,而是围绕已经死亡的星体旋转。现在对于这个问题的回答,有了里程碑式进展。

科学家在太阳系外部发现了一个和地球非常相似的行星。其行星编号为155,是太阳系外最小的行星。其半径是地球的2倍,质量是地球的7.5倍。距恒星300万千米(0.021天文单位)。这个行星的轨道周期为1.94天。其轨道大小只有太阳系水星轨道的十分之一。这颗新发现的行星所在的星系名为Gliese 876。

这项成果是由位于夏威夷莫纳克亚山顶的凯克天文台观测得到的。凯克天文台拥有2台全世界最大的10米光学巨型望远镜。每一台有8层楼高,重350多吨。这次的成功发现也要归功于凯克天文台技术的改进——光谱仪CCD探测器的精确度提高,从3米/秒提高到1米/秒,为今后能够发现银河系内质量和地球相当的行星打下了基础。

从太空俯视人间会是怎样的情景

如果你问一个曾经到过太空的航天员,在太空看到了什么?他一定会眉飞色舞地用"壮观"一词来表达。

没有大气层遮挡人们的目光、遮住太空望远镜的镜头,在太空看星星,个个明亮清晰,不会闪烁,可以看到非常明亮的各个星座。看月亮更为有趣,白天看到的月亮呈浅蓝色,很漂亮。夜里看月亮,只能看到月亮的局部,但非常亮。看太阳也和在地球上不同,90分钟就可完全目睹一个日出和日落的循环景象。尤其在日落时,可以看到太阳发白的光和它落下的准确位置。

最让航天员开心的还是观看人类的摇篮——地球。让我们听一听美国航天员约瑟夫·艾伦在太空中观看地球时所倾吐的话语:

"地球,粗看它是一个蓝色的球体,细看它呈浅蓝色。地球不再像从高空飞行的飞机上所看到的那样是扁平的了,它成了一个球体,还是立体的。当我往下看时,看到的物体是一层一层的,看到云层高浮在空中,它们的影子落在阳光普照的平原上,看到印度洋上船舶行驶前进,非洲一些地方出现灌木林火,一场雷电交加的暴风雨席卷了澳大利亚的大片地区,整个大自然呈现出一幅绚丽无比的立体风景画……"

在载人航天器上生活的人,一天可以看到多次日出日落。这是因为航天器绕地球轨道飞行,每飞行一圈可以看到一次日落和日出,每次间隔的时间长短,和绕地球飞行的轨道高低有关。轨道高,日出的间隔时间长,反之则短。载人航天器的运行轨道都还是近地球轨道。飞行高度一般在300~600千米。绕地球飞行一圈为90分钟左右,所以在航天器上的人,24小时内可见到16次日出日落。

在太空看日出,不受气候影响,那里没有云、雨、风、霜。在太空看日出日落非常壮观。由于航天器飞行速度很快，太阳出来时，好像迅雷一样飞跃跳出，太阳落山时也一样会飞快隐去。日出前先出现鱼肚色，接着是几条月牙形的彩带，中间宽两头窄，两头陷没在地平线上。突然，耀眼的太阳从彩带最宽处一跃而出，此时，一切色彩顷刻消失，每次日出日落，仅仅维持短暂的几秒钟时间，但至少可以看到8条不同的彩带出没。它们从鲜红色变为最亮最深的蓝色，而且每次日落日出彩带没有一次是相同的。彩带实际上是地球上空的气体被污染的证明，宇航员见到最壮观的日出日落景色，就是大气污染最严重的地区。

从太空俯视地球，可以看到唯一真正的绿色地带是"世界屋脊"——我国的青藏高原地区，阿拉伯大沙漠不完全是褐色。喜马拉雅山深色巍峨的群峰衬托着皑皑白雪，给人以一种辽阔而荒凉的感觉。伊朗的卡维尔盐渍大沙漠最令人神往，看上去就像木星上呈红色、褐色和白色的大漩涡，这是盐湖蒸发留下的痕迹。而巴哈马群岛像绿宝石一样闪闪发光。

在太空看地球上的闪电非常令人振奋，一阵阵雷电闪烁好像是盛开的石竹花。当闪电连续又频繁时就像看到一片火海。如果在夜间看闪电，有时一次就可看到多个地方不同云层的闪电，把云层照亮，其景色动人实难形容。

在太空看地球上的飓风和特殊的云层也清晰可见，引人入胜。

在太空看地球还能见到：

南极极光：极光是大气层中的电离现象，在极地区域的上空可以见到。

中东世界：透过航天飞机的窗口，陆地和海洋交相辉映。中央的半岛是西奈半岛，苏伊士湾及亚喀巴湾就像要夹住它一样位于两旁。

都市写照：在太空拍摄的位于尼罗河河口的亚历山大城，由公元前332年的亚历山大大帝所建立。看着这一块块深绿色的农田和纵横交叉的水渠。会发自心底呼喊，好美啊！

万里长城：1994年，由"奋进号"航天飞机拍摄的万里长城距北京690千米。

太空漂游：从图片中看得出航天员在太空漂游，也许正在完成太空行走任务。航天技术的飞速发展，使航天员终于可以摆脱"安全带"的束缚，在太空中自由"信步"。图中左边深褐色的航天飞机，蓝色背景正是我们的地球。

将来去太空旅游有哪些方式

观光旅游、探险考察，是人类独有的一项休闲活动！人类在好奇心的驱使下，往往越是神秘的地方越可能成为旅游的热点。因此神奇的太空，茫茫宇宙，自然会成为人们十分向往的旅游胜地。如果你乘坐宇宙飞船进入离地100千米的高空，就可以尝到片刻的失重滋味；还可以观赏到美丽的地球；如果你乘坐的宇宙飞船上升到离地面200~400千米的太空举目眺望，可以清晰地看到远处弧形的地平线，蓝白相间的地球呈现在你的身下。大海、白云、陆地时隐时现，缓缓驶去；漫天的星星，仿佛是镶嵌在黑色天鹅绒大幕上颗颗晶莹的宝石，在你头顶上则是闪烁着各种颜色的光芒，每隔45分钟就有一次气势磅礴、震人心魄的日出日落，那是在地面上永远无法看到，无法想象，奇妙无比的景色；透过飞船的舷窗，你还可以观看到美丽的极光以及地球上各大城市的旖旎风光……

太空旅游的方式，目前有4种：飞机的抛物线飞行、接近太空的高空飞行、亚轨道飞行和轨道飞行，以后还要加上一种深空宇宙飞行。

飞机的抛物线飞行。可以使游客体验到30秒钟的失重感觉。如果乘俄罗斯的IL-76航天员训练用的飞机作抛物线飞行，费用约5000美元。美国零重力公司的"重力1号"飞机同样的产生失重，该公司推出的"失重一日游"使参与者有机会体验到太空失重的"滋味"。

接近太空的高空飞行。也不是真正意义上的太空旅游，而是让游客体验一种极高空的感觉。当游客飞到18千米的高空时，可以看到地球的曲线和上方黑暗的天空，体会到一种无边无际的空旷感觉。目前计划用来完成这种极高空飞行任务的飞机是俄罗斯的高性能战斗机米格-25和米格-31，这两种飞机可以飞到24千米以上的高度，费用约1.2万美元。

亚轨道飞行。能产生几分钟的失重感觉，失重时间大大长于抛物线飞行。目前计划用X-34飞行器来完成这项任务。X-34满载燃料后重13500千克，从洛克希德L-1011飞机上发射升空后立刻启动自身的火箭发动机，速度可达8马赫（即8倍音速），迅速爬升至75千米高度穿越大气层。在火箭发动机关机和再入大气层期间产生几分钟失重现象。这种飞行器的优点是价格便宜，检修时间24小时即可完成。因此是目前首选的太空旅游方式。另有美国Space Dev公司将研制"追梦者"亚轨道太空飞船，使用内部自身携带的发动机作动力，在任何商用发射场作垂直发射，计划2008年搭载4名乘客进行亚轨道试验飞行。

轨道飞行是名副其实的太空旅游，国际空间站是太空旅游的目的地。而使游客到达国际空间站的航天器目前是美国的航天飞机和俄罗斯的联盟号飞船。由于美国哥伦比亚航天飞机的失事，联盟号飞船被作为首选的太空旅游工具，它安全性好，但搭载的乘客远少于航天飞机，美国Space Dev公司研制的"追梦者"太空飞船计划到2010年搭载6名乘客进行轨道试验飞行。

深空宇宙游是一种摆脱围绕地球飞行的旅游方式，到太阳系、银河系甚至宇宙深处去旅游。这种旅游方式，至少在目前来讲还是比较遥远的。一旦能实现深空宇宙游，那沿途宇宙航行的景观，将美不胜收，让我们选择其中的一个场景加以描述：

飞船在宇宙空间急速飞行，定睛细看，天啊！居然看到了氢原子！我们知道，原子的直径是千万分之一厘米，眼睛岂能看得见？原来，在超高度真空的宇宙空间，绕原子核运动的电子，与原子核的距离大大地被拉开了，使整个原子的直径，比在地球上大100万倍。这样氢原子就成了芝麻大小的颗粒，所以肉眼也能看得见……

人类能建造太空城吗

说起太空城，人们或许会联想起《西游记》中齐天大圣孙悟空大闹天宫时，见到玉帝宫内楼堂亭阁，金碧辉煌的情景。当然这是神话般美丽的幻想！但是随着科学技术的迅猛发展，可以使幻想变为现实。人类向太空中发射的空间站（和平空间站、国际空间站……）不就是一座座微型的天宫和太空城吗！只是人们并不满足这小小的"城池"，而是希望能建造起居住上万、数十万人的真正太空城。在茫茫太空中，一座座"高楼大厦"在日夜不停地运转着，从地球上飞来的人在里面工作、生活……在这些庞然大物里工作和生活所需要的物品一应俱全，环境幽雅，绿树成阴，小桥流水，蛙鸣鸟叫……简直是一个世外桃源。这应该就是未来太空城的写照！也是和目前已在太空中运转着的空间站的根本区别，即太空城是应该自给自足的，但空间站上的生活等用品都是从地面上运去的。

太空城的建造恐怕是发展的必需，那么在茫茫太空中，太空城应建造在何处最适宜？早在18世纪，法国的一位数学家名叫拉格朗日，他就为未来太空城的建造提供了"地基"。他认为这块"地基"就是"地球—月球"系统中的平衡点。也就是说，在平衡点上地球和月球引力的和为零，物体在这些平衡点上能保持固定。像这样的点共有五个，人们就称这些点为拉格朗日点，但可以利用的仅为2个点。切莫泄气，据计算，即使仅利用这两个点（包括其周围区域）就可建1万座太空城！"土地资源"看来是不缺的。

太空城的位置确定以后，接下来的问题是如何建造太空城，建造什么样的太空城？

科学家们认为，太空城的规模起初不能太大。首先建造的应是各种用途的空间实验室、空间电能源、空调站、生活住房、健身房和娱乐厅等设施。

这些空间设施，将会通过一条轨道连接起来，形成长长的太空间。如果你想到太空城大街上去旅游的话，只需手握一根"绳子"，它会像传送带一样送你到所要去的地方。

科学家们还认为，一些太空城市可以"依附"在月球或其他星球上，以充分利用地球外的资源。

那么，太空城应建造成什么样呢？这是近年来国际航天界的一个热门话题，目前已经出台了许多太空城的方案，可以说是五花八门，各式各样：

伞形太空城。是美国普林斯顿大学物理学教授奥尼尔提出的。被称为"奥尼尔三号岛"就是呈伞状结构的太空城。它像一把张开的伞（但没有伞衣）。伞把是两个巨大的圆筒，直径达6.5千米，长3.2千米。在这个大圆筒里可以居住100万人，两个圆筒用传动带连在一起，以每分钟一转的速度旋转，从而产生人造重力。伞把的四周是玻璃窗，窗外用挡板遮挡，挡板内镶着大玻璃镜。合上挡板里面就是黑夜。打开挡板，镜子将外面的阳光折射到里面就成白天。

圆筒里面是真正的太空城市，有山丘、树木、花草、河流等，还有体育场、电影院、酒店、机场、码头……太空城中的居民外出办事，可以像在地球上一样乘车，搭飞机，极为方便。在太空城中也有晴、阴、雨和冷暖的变化。在伞架子的边缘，科学家们将它们设计成农业区，通过温度控制，可以在农业区的不同部位制造出春夏秋冬四季。可以设想，在农业区里粮食作物郁郁葱葱，瓜果蔬菜一应俱全，生活在太空城里的居民不论何时都可以吃上新鲜的瓜果、蔬菜和粮食。太空城里的空气也特别新鲜，不必担心地球城市中的空气污染。这真是神仙过的日子呵！

圆环形太空城。这种太空城呈圆环状形如轮胎，是美国斯坦福大学的科学家提出的方案。圆环直径为1800米，每分钟旋转一周，以产生人造重力。这样的旋转速度，可使环外缘区域与地面上的重力相等。这样，造成该"轮胎"的外缘成了"地"，内缘成了"天"，"天"与"地"相距100多米。轮胎形太空城的"天"由一排排拱形玻璃窗构成，"天"上的上方设置了一面巨大的凹面镜，它将太阳光反射到圆环中心的镜面上，再通过镜面反射并透过拱形状的玻璃窗进入居民生活区。为了实现白天和黑夜的交替，还特设了百叶窗，当百叶窗张开时，阳光可以照进生活区，这里便是白天；当百叶窗闭合时，阳光被挡住，这里就变成黑夜。

居民生活区不仅设有住房和学校等建筑，还安排了农业生产区域，为居民们的生活提供粮食等农业产品。

在圆环中轴的两端，还设置了专用机构，一端为对接装置，可供来往飞船停靠，另一端连接工厂和太阳能电站。同时，在中轴设有六根管道一直连接到生活居住区，居住的人可乘长100多米的电梯到达"天"顶，打开拱形玻璃窗，穿过管道，跨入中轴，然后沿着中轴到太空工厂去上班。为了防止强烈的太空辐射对居民们造成危害，轮胎形太空城的外壁要用月球矿渣覆盖。

按照设计要求，这种圆环形太空城可供1万人长久居住。

"向日葵"城。这种太空城的样式有点像向日葵，1975年由美国一位科学家提出的。主体是一个直径为450米的圆筒，以每分钟2转速度旋转，这样可以产生像地面一样的重力。在这种太空城内生活和地面上的感觉几乎完全一样。四周均配置锥形反射镜用来反射阳光，一面硕大的聚光镜装在最上面，用这面聚光镜聚集阳光发电，供城内居民使用。农业区则设置在最外边。"向日葵"城的设计居住人口为1万人。

太空农场。为了实现太空移民和为长期载人航天做准备，目前美、日和欧洲在21世纪的太空计划中，已将植物在密闭的太空舱内进行长时期生长试验列入重点研究项目。科学家们设想将太空农场建成球冠状。利用其外面可以转动的反射镜调节室内温度，力图为植物营造一个像地球一样的生长环境。关于土壤，科学家们已看中月球上的土壤，他们认为只需要稍加改造可以成为太空农场中种植庄稼等植物的土壤。更重要的是从这种土壤中可以提取到氧气和合成水。这样，就可以解决农场工作人员生活用水的大问题了。未来的太空农场肯定将全部实现计算机管理、机械化生产，不用喷洒农药等污染物，生产的产品是地道的绿色食品。

太空国。科学家们认为，到21世纪50年代，月球上会出现各种各样的"玉宇琼楼"，第一批地球人有可能移居到月球，使月球变成独立的太空国。因此随着太空中太空城的日益增多，太空移民的大量出现，太空中出现真正意义上的太空国和"第二个人类社会"不会太过于遥远。那时的太空国会是一个美丽的新世界。

人类能往太空移民吗

现代航天火箭理论的奠基人齐奥尔科夫斯基曾预言:"地球是人类的摇篮。人类决不会永远躺在这个摇篮里,而会不断探索新的天体和空间。人类首先将小心翼翼地穿过大气层,然后再去探索太阳系空间。"

事实正是如此,人类已经在积极探索向太空移民的可能性,为人类的不断发展寻找一条长远的出路。太空是个无比广阔的天地,地球与其相比就只能是沧海一粟。因此,向太空移民,向其他星球移民是一条可望而可即的通道。而月球、火星等星球将随着航天技术的发展和人类太空开发步伐的加快,被列入太空移民区的"首发"红名单中,成为人类在太空的"伊甸园"。

"广寒宫"不再寂寥。在中国神话传说中,月球有座"广寒宫",那是嫦娥独居的地方。20世纪70年代曾因人类的造访而热闹过一阵子。如今它又站到了万众瞩目的前台,"寂寞嫦娥"又将翘首盼望地球人的再一次到来。

欧洲宇航局月球探测计划科研负责人富万预计2015年月球上将会出现第一个机器人村;2020年,小批人类探险者抵达月球;2040年月球上将出现最早一批人类村落。富万的这个预测和人类重返月球的大计划是合拍的。虽然建立月球移民区是一个漫长而艰苦的开发过程,但通过下面设置的"五部曲",一个美丽可爱的月球移民区就会呈现在我们的面前:

序曲。它描写的是无人探测阶段,机器人在月球上漫游,成为人类移居月球的开路先锋。这些机器人都是"多面手",在测绘月面图,查清月球表面情况和资源分布,进行月球化学研究,寻找月球水源,选择移民点等方面均可大显身手。当然更要讴歌的是它们不惧有害作业,不怕高危工种,任劳任怨的忘我精神。虽然机器人可由人类遥控指挥,但总比不上亲自登场更直接。

△ 太空移民

　　第一乐章。反映的是人类短期停留月球阶段，乐曲比较低沉，在这个阶段中登月人员要建立起简单生活、居住和研究区，着手对月岩中的铁、铝和氦的含量进行测定，对各种加工装置进行试验性应用，进行制氧试验等，使月球成为天然的空间站。

　　第二乐章。描述了月球上的移民区已粗具规模，乐曲积极向上。数十名月球建设者可在月球上连续工作几个月，展开生命科学实验和天文观测，启动成套设备，开始制造氧气、提炼水、冶炼金属等，并研究如何把月球资源运回地球，着手建造天文台。

　　第三乐章。是一曲华彩的乐章，月球移民区已进入实际居住阶段。可供50～100人居住，同时也是科研站、天文台和生产基地，并且开始建设月面农场和工厂，研发提炼氦-3技术，当能源供应问题得到解决后，也许还会将多余的能源送回地球。

　　如此一来，在月球上的建设者和科学家们生活得舒服多了。看着经自己双手建立起来的月球移民区会发出出自内心的欢笑声。

119

第四乐章。迎来的不是尾声而是更加华丽的乐章，那时月球再也不是一个死寂的世界，而是具有高度自给能力的月球移民区，有供休息和娱乐的太空旅馆，月球到地球间开设有定期往返的航班。月球和地球将在众多方面连接成一体。

漫步在月球上，国际科研中心、宇航中心、贸易中心等尽映眼帘，一艘艘飞船离开月球基地，踏上飞往火星甚至飞出太阳系的征途……

诚然，这部交响乐是在长达数十年甚至百年的月球开发史中由全人类共同谱写而成的。但这仅仅是"行星交响乐"中的第一部。可以深信，我们还将听到更壮丽的"火星组曲"、"木星光环圆舞曲"、"小行星波尔卡"、"飞出太阳系"等等震撼人心的作品，人类将在其他星球上，建起更多的移民区。

"红色星球"在召唤。茫茫宇宙，唤起了人们多彩的梦想，在登月成功之后又将重返月球之时，人类自然又把太空移民的目标投向火星这颗"红色星球"。

科学家们认为，通过人类的不懈努力，火星这颗"红色星球完全可以改造成为绿色世界，火星上巨大的陨石坑可以变成湖泊，山坡上可以覆盖茂密的森林……使火星成为人类的又一太空移民区"。

美国航空航天局向火星发射的"机遇"号和"勇气"号火星车和欧洲宇航局发射的"火星快车"都已在火星上探测到确凿的证据，证明火星上存在水甚至是大水的踪迹。另有科学家披露，他们已在火星大气中发现了甲烷的痕迹，这很可能是生活在火星土壤中的火星微生物的副产品。为此许多天文学家都承认，火星完全可以被改造成生机盎然的"地球第二"，是地球人移民的又一落脚处。

如何改造火星？科学家们认为第一步是要加厚它的大气层，同时提高火星表面的温度（目前火星表面温度为零下60℃，甚至更低）。加利福尼亚美国航空航天局艾姆斯研究中心麦克凯博士称加热火星是人类改造火星至关重要的起点，只有有了更厚、更暖的火星大气层，冻结在火星土壤中的冰才会融化，在火星上植树造林才有可能。

目前，对提高火星大气层厚度有这样几种方案：

一、增加火星大气层中二氧化碳的浓度。虽然在火星大气层中95%是二氧化碳，但十分稀薄，形成不了保温层，而火星岩石中含有丰富的二氧化碳仅以干冰形式存在。因此只要设法使岩石中的二氧化碳释放出来，就可以在火星上空形成浓厚的二氧化碳层，将太阳光的热量保留在火星上空，使火星温度提高。

二、制造超级温控气体氯氟烃（CFCS）和人造全氟化碳（PFCS），它比二氧化碳强10~21倍。据科学家们粗略计算，若在火星上建造100个这样的化工厂，每个化工厂生产100年，可以使火星温度提高6℃~8℃，以这个速度计算把火星平均温度提高至0℃要600~800年。

三、建造轨道反射镜收集阳光。如果向火星南极上空发射一面巨大的轨道反射镜，直径达250千米，能将太阳光反射到火星南极，从而能较快提高火星温度。

四、建造细菌生产工厂，一些细菌能将水和二氧化碳合成为甲烷，甲烷是很好的温室气体。如果火星表面有1%的地方生长这种细菌，而有0.1%的细菌可以把光能转换为化学能。那么，全火星可获得10亿吨左右的甲烷和氨，足以在30年内将火星温度提高10℃。采用细菌还会带来增加火星臭氧层厚度的好处。

改造火星的第二步是造海植树。随着火星表面温度的升高，火星两极和地表下的固态水就会融化成液态水，汇集成数百米深的汪洋大海。如果水量不足，可以动用火星的两颗卫星上的水。探测发现火卫1和火卫2上有丰富的水。

水量再不够的话，就让轨道反射镜来帮忙，它能带来270亿千瓦的能量，用来融化火星冰层，每年可获得3万亿吨水。水会带来良性循环，使植物制造氧气的进程加快。到了那时，人类甚至不用穿防护服，因为宇宙辐射已被大气层吸收衰减，对人类危害大大降低，也许只需带一只氧气罩，就可放心地在火星表面自由行走了。

以上描述肯定不是幻想而是完全有了能实现的依据。包括美国和中国的14个国家将建立一项全球性探索战略，争取在2025年能登陆火星，改造火星的计划就将付诸行动，使火星成为人类的又一个移民区的时间不会太过遥远！

吸引眼球的宇宙探秘

太空资源有哪些

太空资源是太空中天然存在的或是航天器进入太空后自然产生的资源，也是航天器面世以来才能得以开发利用的一种资源，是地球表面和稠密大气层中不具备的。随着航天技术的迅猛发展，大型空间站的建立，人类在开发利用太空资源中将取得突破性的进展。与此同时，利用空间进行商业化活动，不仅是人类文明发展的必然趋势，也是人类探索空间，利用空间为人类自身服务的必然趋势。

人类凭借已有的科学技术手段，已经发现了太空中存在的环境资源、能源资源、信息资源、矿藏资源……即使这些资源，就足以激发人类开发太空的欲望了。

一是环境资源。对人类有直接关系的环境资源主要有高真空、高洁净和微重力三种。

高真空，当距地面900千米高空中，其大气压力只有一百亿分之一毫米汞柱（在地面上为760毫米汞柱），当位于月球外层空间时，大气压力仅为一百万亿分之一毫米汞柱，如此高的真空度，在地面上是无法实现的，即使将来有一天能够达到，其成本也会高得吓人。

高洁净，在地球表面的大气层中，每立方厘米中含有1万兆个氮分子和氧分子，而在太阳系宇宙空间每立方厘米只有0.1个氢原子。这是一种无与伦比的高洁净环境，没有污染，没有病毒和细菌，是微生物制品的绝妙试验和生产场所。

因此，可以认为高真空和高洁净是进行许多科学实验，发展航天技术，生产电子产品和高级药品的理想环境，尤其是对人类的航天活动方面具有极其重要的价值。

微重力，同样是太空中特有的资源，是人类从事新材料和新产品加工的

122

一种有利的环境资源，也是细胞、蛋白质晶体生长与培养的理想环境。实验证明，在微重力环境中制造出的特殊材料，性能稳定，即使运回地球，性能也不会改变，预计微重力环境在不久的将来会为人类广泛利用。

二是能源资源。太空中的能源资源主要是太阳能和矿物能。太阳是由氢和氦按3∶1的比例混合而成的巨大火球，每秒钟可释放出$3.82×10^{23}$焦耳的能量，相当于1016亿亿吨优质煤完全燃烧后所产生的能量。如此巨大的太阳能，加以利用会给人类带来无穷无尽的福音。经过科学家研究探索，在太空中建造太阳能电站，电力通过微波传输系统送到地面，就能充分利用太阳能资源。

△ 月球

试验表明，若在距地面约3.6万千米的地球同步轨道上建有太阳能电站，其砷化镓光电池帆板面积为15平方千米和30平方千米各一块，当它们面向太阳时能产生800万千瓦/时的电力，除去损耗，仍会有500万千瓦/时的电力输向地球，照此计算，我国只需100～200个这样的太空太阳能电站，就可满足全国的用电需求了。

在月球上就有近百万吨核燃料氦-3，用这些燃料发电，按地球上人类现有的消耗水平，可使用几十万至几百万年，只要我们每年从月球运回30吨氦-3，其聚变所产生的能量，即可满足全球所需的电能要求。

当然，太空能源不仅仅就这些。可以深信，随着航天技术的进一步发展，人们一定会发现和利用更多的太空能源。

三是信息资源。人类利用太空信息资源的历史，几乎和人类文明史一样悠久。古人通过对太阳、月亮、地球位置的变化制定了历法。此外，太空信息还是航海家必不可少的资源，北极星等恒星提供的方位信息，可帮助航海家判明自己的位置，以免迷失在茫茫大海中。20世纪90年代以来，太空遥感技术出现了空前繁荣的景象，应用领域不断扩大，随着航天技术手段的不断更新，太空信息资源的深度开发和利用的时代为时不会太远。

除此以外，太空资源还包括低温、强辐射、行星资源等。

正是由于太空中有着如此丰富的资源和无限广阔的空间，因此它对人类最大的贡献是：

一是提供天然的科学实验室。可以进行各种各样的科学实验，特别是高新技术的研究和试验。

据科学家们分析，在太空可以进行空间地学、生命科学（包括人体生物学、医学、辐射生物学、重力生物学）、天文学、材料科学、海洋学等等的研究实验。太空被称为"万能实验室"，更是孕育新科技的"摇篮"。

苏联和后来的俄罗斯在"礼炮"号和"和平"号空间站上进行过医学、生物医学、生命科学、新材料等方面的大量科学试验；美国在航天飞机上也进行了大量的类似实验，如1985年4月，华人科学家王赣骏在"挑战者"号航天飞机上进行了他自己设计的"微重力下的液滴状态试验"，美国黑人女航天员和日本女航天员进行的青蛙和青鳟鱼的产卵、孵化试验等。即使在"哥伦比亚"号失事前的最后一次为时16天的飞行中，7名航天员还完成了试管培植细胞、动物孵化、火焰燃烧等80余项科学实验。近10年来我国在返回式卫星上及"神舟"号飞船上也进行了大量的科学试验，如进行太空生长砷化镓试验，使中国在大功率微波元器件和大规模集成电路应用方面取得了突破性进展。

二是果菜园、制药厂、加工厂竞相开张。

1.在太空果菜园中种植庄稼，无需除草和喷洒农药，所以没有污染，生产出的蔬菜和水果非常洁净。当然，太空果菜园的管理是全部自动化的，只需在"控制室"操纵按钮，就可对作物全程监控。俄罗斯的"和平"号空间站上曾经有一个太空温室，面积有900平方厘米，播种了数十种不同品种的"太空种子"。在太空失重条件下，播种的小麦约70～90天即可成熟，而所有的农活均由机器人承担。美国的太空实验室和航天飞机上也进行过种植松

△ "阿波罗11号"首次登上月球

树、燕麦、绿豆等植物，在失重条件下，生长不仅没有受到抑制而且蛋白质含量增加，这说明在太空种植农作物可以提高质量。

太空果菜园中，植物可以在沙土或泡沫中生长，只要有水、养分和支撑，就可以在太空失重条件下存活、发育和生长，而且风调雨顺，季季高产。我国在太空育种方面取得的成就也是名列前茅的。至2000年10月，中国已先后进行过50多种植物300多个品种的太空试验，如"太空椒87-2"新品系果型大、维生素C含量高、早熟，抗病虫害能力强，最大的一只可达500克以上，经过多年大面积栽培，高产优质等优良特性仍能稳定保持。2002年4月在"神舟"三号飞船上搭载了兰花、无核葡萄苗等十余种植物苗。2003年1月，再次在"神舟"四号飞船上进行太空育苗实验。航天西红柿"大东新一号"也是从天外归来的种子，成熟后果肉较硬、耐储存，在自然条件下可保鲜20天以上，营养物质含量比普通西红柿高出5%，抗病性也极好！

随着太空育种技术的不断发展，更多太空育种食品会成为未来的绿色

125

吸引眼球的宇宙探秘

食品。

美国科学家们正在酝酿建造太空植物园计划。设想将太空植物园设计成圆筒状，直径4.2米，长13.7米，同空间站一起在太空轨道上运行。如果有一天，太空植物园真能腾空而起，而你我或他亦有机会到太空去旅游的话，可别忘了争取去太空植物园观赏，甚至品尝果蔬啊！

2.在太空建造药厂，是生产药品的理想场所。早在20世纪80年代，美国科学家就认为"我们正处在一个太空制药工业诞生的时代"，并预计在20世纪末就将有15种太空药物问世。目前在太空生产的药物已达30多种。

在太空生产的药物经过临床应用证明能有效治愈多种疑难疾病。如尿激酶，这是一种抗血栓制剂，能预防和治疗心肌梗死；干扰素是一种抗病毒和治疗癌症的药物；生长激素，能刺激骨骼的生长，用于治疗侏儒症；抗胰蛋白酶，能延缓肺气肿的发展，增强癌症的化疗效果；抗血友病因子，用于治疗血友病；红细胞生长素，治疗贫血；胰腺B细胞，用于治疗糖尿病；表皮生长素，用于治疗烧伤等。此外，利用液体材料在微重力条件下能够形成理想球体而生产出来的弥散胶乳珠已投放市场，成为第一批太空药物商品。这种胶乳珠在医学和科研工作上有广泛的作用，如可用于测量人体肠壁孔径以研究癌症，测量人眼孔径研究青光眼。胶乳珠是在"挑战者号"航天飞机上生产的已被美国度量衡局定为样板，用于医疗和科研设备的检验标准。

目前，美国麦克唐纳·道格拉斯和约翰父子公司正准备投资几百万美元建造一座由地面遥控操作的太空制药厂。从在航天飞机上进行的几次可行性试验表明，用电泳法工艺在太空环境中分离细胞制取生物制剂，在纯度上要比地面高出4～5倍，在速度上要快几百倍。他们已计划把一个重40吨的遥控太空制药厂送入轨道，然后再用航天飞机定期回收太空制药厂的产品，并补充产品原料。这个首开先河的太空药厂若能如愿以偿实现既定的计划，可以设想，未来更大规模的各类制药厂将会不断在太空中涌现。

中国的"太空药厂"东方红航天生物产业化基地，早已在2001年就问世了，基地建在北京怀柔。与真正建在太空的药厂不同点在于它是利用发射太空飞船的时机研制新药。亦即采用航天生物搭载，筛选而成。2001年在该基地已研制成功第一批航天药品——"天曲"系列产品投放市场用于防治心脑血管疾病。国际医学界认为该系列药物是迄今为止研究最深入，机理最明确，功效最能肯定的降脂药物。"天曲"系列产品之一"他汀—硒"复合体，与同类产品相比没有不良反应，尤其适合治疗中国人的血脂疾病，从而一举跻身于世界领先水平行列。

除此以外，抗癌药物"紫杉醇"和口服胰岛素等一批具有国际竞争力的新药，也将陆续在"太空药厂"中生产出来。"紫杉醇"是近20年来世界公认的抗癌新药，1992年还被美国食品和药物管理局批准为治疗卵巢癌的新药。

3.在太空建造工厂，美国著名科普作家阿西莫夫曾预言："我们能够设想，21世纪将是地球上的工业系统逐步升迁到空间轨道上去的时代。"果然不出阿西莫夫所料，现在人们已经看到了高科技给太空工厂带来的曙光。

2003年2月，日本曾向外宣布，他们在太空中制成了目前世界上最大的高温超导材料。由日本无人宇宙实验系统研究开发机构和超导工学研究所开发的这种材料，是一个底面直径为12.7厘米的圆柱体。它是搭乘人造卫星在距地面500千米的轨道上制成的，在微重力的太空中能制造出性能极佳的超导材料。若在地面上制造，即使超导材料的直径最大，由于受重力影响，性能只相当于3厘米的材料。据专家们介绍，日本制成的直径为12.7厘米的超导材料，意味着世界上最强的磁铁已经诞生，因为超导材料直径越大，磁性就越强。

1987年，我国在2颗返回式卫星上制造出直径1厘米，长度7厘米，其均匀性、完整性大大优于地面制造的砷化镓单晶体。美国在"哥伦比亚"号航天飞机上，将银、铝、锌和锗的金属粉末按不同比例加以混合，并用电子束将混合物加热到2903℃，竟冶炼出了性能好、结构均匀的新合金。

在太空"工厂"中熔炼激光玻璃，也会具有极佳的效率。因为在失重的环境中，如果在熔化的钢水中加入氢气，氢气在钢水中均匀扩散，冷却后即为泡沫钢。用同样的方法可以制成的泡沫铝、泡沫玻璃、泡沫陶瓷等泡沫材料，具有重量轻、强度高的性能，是一种具有特殊用途的理想材料。

与在空间建造"太空工厂"的同时太空采矿也正在兴起。据报道，美国已经出现计划发展太空采矿业的机构，该机构计划个人投资进行太空采矿的前期勘探工程。计划发射一艘名为"近地球行星勘察号"的无人探测器，这艘探测器将在环绕太阳运行的某一颗小行星上着陆，进行遥控勘探矿藏，并通过仪器将探测到的照片和其他资料传回地面控制中心，科学家们利用这些传回的资料就能分析小行星上贵稀金属等的分布情况。美国航天界还预言，在不久的将来，人们一定能亲临其他星球去采矿，并就地冶炼成地球上需要的各种材料。先说离地球最近的月球，科学家已在月球上找到八九十种矿物，名不副实的水星，可能"滴水不存"但却是一个货真价实的"大铁球"，含铁量达2万亿亿吨，占水星质量的60%。如果每年开采8亿吨，足够人类开采2400亿年，太诱人了！再看看小行星，上面的矿物也是撩人心扉，比如"1986EB"和"1986DA"这两颗小行星上蕴藏着极为丰富的镍和钛。甚至有的行星上遍藏金矿和钻石矿！

三是太空媒体、太空运输……一应俱全。

1.太空进入了媒体时代，"梦时代"是一家总部位于硅谷的多媒体公司。他们与美国航空航天局已达成协议，准备支付1亿美金率先实现高清晰度电视的空间传送以及太空摄影、教育和纪实节目的数字化。公司创办人比尔·福斯特对这项协议的实施将会带来可观的利润确信不疑。该公司还得到了洛克希德·马丁公司和银行的全力支持，看来前景一片光明。还有一家名为"Space Hab"的公司的子公司与俄罗斯能源公司合作，共同经营一间设立在国际太空站上的新闻、教育和娱乐节目的广播室……凡此种种，均显示了媒体已经渗透进入了太空。

2.广告"上天"，广告几乎已充斥到地球上的每个角落，广告效应确实很大。如今，航天事业炙手可热，发展太空广告似乎已水到渠成。

2002年，日本各大电视台播出了世界上第一个在太空拍摄的广告。广告由日本电通广告公司和大冢制药公司合作拍摄。拍摄地点在国际空间站，采用高精度摄影机花费3小时、1亿日元拍摄了片长为30秒钟的广告。

在拍摄之前，制作人员来到俄罗斯的太空中心，与航天员讨论拍摄内容，并由地球上的控制中心遥控。太空中的浩瀚景象加上太空人的亲自"表演"，让观看者耳目一新。

美国的快餐集团"必胜客"也瞄准了太空广告这块肥肉，不惜用重金通过俄罗斯"联盟号"做了一回广告：用特制的"太空薄饼"送给国际空间站上的航天员享用。当然是免费的，除此之外还需"倒贴"给俄罗斯航天部门100万美元。正如"必胜客"市场部主管所说："从这天起，'必胜客'的名字写进了历史，薄饼能上太空给航天员进食，是世界首次"，仅凭这一条，花去的是几个"小钱"却拣了个大便宜。

能在国际空间站上做广告，那么在月球上做广告岂不是更标新立异、更夺人眼球！总部设在美国弗吉尼亚州的"Luna Corp"公司就"算"到了这一点，在其研制的月球漫游车上醒目地显示出"无线电广播室"公司的标识（"Radio Shack"），它是与"Nma Corp"公司长期合作的伙伴，一旦发射成功，"无线电广播室"还可以遥控月球车让其在月球上行走，进一步扩大影响。

3.太空需要运输市场：航天界的巨无霸，美国波音和洛克希德·马丁公司也在抢滩太空运输市场，从而引发更多的投资者纷纷成立新兴的太空运输公司。比如由吉姆·木森创办的"太空邮递公司"就是形形色色的太空运输公司中的一个。吉姆对自己创办的"太空邮递公司"是这样认为的："它如同一个在太空中递送包裹的系统"。

在太空邮递公司所要递送的货物中，包括一颗载有宇宙热星际等离子光谱仪的卫星。卫星上搭载的宇宙热星际等离子光谱仪是被用于加州大学伯克利分校观察太阳系周围炽热气体的实验。一旦卫星进入预定轨道，设在加州波韦的飞行控制中心将通过太空邮递公司设计的无线电遥控卫星，收集从宇宙热星际等离子光谱仪上传来的实验数据。

史倍斯·哈伯公司据称是新兴的太空运输公司中办得相当出色的一家公司，它能将所递送的货物、包裹直接送到太空站的舱门口，服务十分到位。

吸引眼球的宇宙探秘

天、地为什么分离

人们都知道开天辟地的故事。

那么，人类历史上究竟有几次开天辟地？许多人都认为有两次：一次是由混沌开辟出天地；一次是由共工撞倒不周山，使天地发生了分离。有的人把两次开天辟地作为人类多次被毁灭的证据。

我们不同意上述看法。所谓的混沌开天，其重点在说生命的诞生，而且是讲述宇宙形成的模式。人类开始被创造出来，只有肉体而没有精神意识，此时的人处在混混沌沌的状态下，什么东西都是灰蒙蒙，暗乎乎的。突然，外太空人给人类注入了意识，人一下子从无意识的黑暗世界，来到了有意识的光明世界，第一次清晰感觉到了天和地的存在，所以形成了从混沌中开辟出天地的神话。

我们认为，天地开辟只有一次，就是共工撞倒不周山那次。这次的重点在讲述天地分离的原因及过程。如果仔细对比两次开天辟地的神话内容。我们发现第二次开天（共工开天）已经没有相伴随的造物主的出现。使人只感到天地分离时那种恢宏的气势，而缺少了万物出现时那种奇异、神秘、惊喜、细腻的感觉。这也说明混沌开天和共工开天，表达的是两个不同的中心内容。

根据以前我们的一系列假设，我们认为，共工开天的神话是一次突然发生的天文事变，巨大的月球离开了近地轨道，两颗星球之间的距离越来越大，覆盖在人们头顶上被称之为天的物体升高了，不见了，新的天空产生了。广奥的宇宙一下子豁然开朗，仿佛天和地都获得了新生。

中国关于第二次开天辟地的神话有以下几则：《史记》司马贞补《三皇本纪》曰："当其（女娲）末年也，诸侯有共工氏，任智以刑强，霸而不王，以水乘木，乃与祝融战不胜而怒，乃头触不周山崩，天柱折，地维缺。"这则记载主要讲述天地分离的原因。《淮南子·天文训》载："昔共工怒触不周之山，天柱折，地维绝，天倾西北，故日月星辰移焉；地不满东南，故水潦尘埃归焉。"这则记载主要讲述天地分离的过程，其中提出了两个重要的天文现象，即"天倾西北，地不满东南"，我们在后面将详细解说。《淮南子·览冥训》称："往古之时，四极废，九州裂，天不兼覆，地不周载，火爁焱而不灭，水浩洋而不息。"它说到天地分离的后果及给人类带来的灾难。

还有两条记载说得比较模糊，《尚书·吕刑》说："蚩尤唯始作乱，延及平民，罔不寇贼鸱义，奸宄夺攘矫虔。苗民弗用灵，制以刑，杀戮无辜。爰始淫为劓、刵、椓、黥。越兹丽刑并制，罔差有辞。民兴胥渐，泯泯棼棼，罔中于信，以覆诅盟。虐威庶戮，方告无辜于上；上帝监民，罔有馨香只，德刑发闻惟腥。皇帝哀矜庶戮之不辜，报虐以威，遏绝苗民，无世在下。乃命重、黎绝地天通，罔有降格。"这则记载后人添加的成分过多，像仁德、兼爱等思想，而且把黄帝和颛顼等三个人的神话融为一体，"绝天地通"的是颛顼而不是黄帝。《国语·楚语》中有一条旁证："颛顼受之，乃令南正重司天以属神，命火正黎司地以属民。"

通观这几则神话，线条是相当清楚的，一场战争后天地发生了分离。在上一章里，我们认为这场战争是外太空人之间的内部冲突，他们进行的战争类似人类的热核战争，我们在地球上已经找到了许多这方面的证据。有趣的是中国纳西族《创世纪》史诗正好可以印证我们的以上假设，它讲的也是第二次开天辟地：

  野牛大喘气，
  气喘震山岗。
  野牛眨眼睛，
  好像电闪光。
  野牛伸舌头，
  好像长虹吸大江。
  天又在摇晃，
  地又在震荡。
  不重新开天不行了，

不重新辟地不行了。

松树遭雷轰，

轰成千段；

栗树被地震，

震成万片。

　　细读这首史诗，给我们的感觉是它不是在说一条野牛，简直就是在描述一场战争：巨大的闪电，火红的光芒，炸开了地上的石头和树木，天在爆炸中摇晃，地在爆炸中振荡，在剧烈的振荡和摇晃之中，天地被开辟，地、月发生了分离。

　　说到这里，有一个现象引起了我们的重视，在世界上关于第二次开天辟地的神话中，唯独中国的神话讲得最为详细、具体；在世界所有民族中，也唯独中国有对天的奇异崇拜，这是为什么呢？我们认为，这是因为当时的月球就悬浮在北方地轴附近，而且靠近中国，我们的先民比世界其他民族感受得更为深切。这个推测的证据，就是中国关于"天梯"的各种传说。在世界范围内，"天梯"或"天柱"的看法几乎只存在于中国的神话中。"天梯"、"天柱"是联系天与地的中间桥梁，起着支撑天地的作用，同时还有天地间通道的功能。中国关于"天梯"的神话十分丰富，最早盘古开天的神话里就有天柱的影子，是他在天地中间一站就是18000年，实际上盘古本身就是一根天柱。后来的神话，将天梯分为两类：一类是树木，一类是高山。

　　古人认为，天地之间有"建木"相连。《淮南子·地形篇》记载说："建木在都广，日中无影，呼而无响，盖天地之中也。"《山海经·海内篇》说："有木名建木，百仞无枝，（上）有九楼，下有九拘，（建木）引之有皮，若缨黄蛇。"事实上，支撑天和地的不但有建木，还有一种叫"若木"的大树，《淮南子·地形篇》云："若木在建木西，末有十日，其华照下也。"这种叫建木或若木的大树，一方面支撑着天地，一方面作为天上神国和地上人间往来的一条通道。

　　除了大树以外，天和地中间有石柱或高山相连。共工战败后，一头撞倒的不周山就是连接天地之间的大石柱。昆仑山在神话中也常常被用来联系天地，《淮南子·地形篇》说："昆仑之岳，或上倍之。是谓凉风之山，登之而不死；或上倍之，是调悬圃，登之乃灵，能使风雨；或上倍之，乃维上天，登之乃神，是谓太帝之居。"大家知道，太帝就是"天帝"，是中国神话中神格最高的一位天神，他居住的地方自然是神仙府地——天国啦！那么，昆仑山自然也就成了联系人间和天国的桥梁，在本质上讲也是一根擎天大柱。神话中当作天梯的，除不周山、昆仑山外，还有肇山。据《山海经·海内经》记载，在华山青水的东面，有一座大山，名叫肇山。有个人名叫柏高，他勇敢地攀登上肇山到了天国。另外，还有一座叫登葆山的也是天梯，《山海经·海外西经》记载："巫咸国在登葆山，群巫所以上下也。"除了以上这些"天梯"或"天柱"外，中国神话里还有一条天通道，就是颛顼"绝天地通"的那一条，只是我们已经不知道这撑天巨柱现在何方，也许就是以上提到的"天梯"或"天柱"。

为什么在全世界唯独中国有如此丰富的"天柱"记载呢？按照我们以前的种种推测，这只能说明，当时月球就悬浮在中国的上空。因此，天地分离的事件也正发生在我们的头顶上。

事情已经很清楚了，月球人与反叛者之间在地球上发生了一场酷烈的战争，月球宇宙飞船也被迫加入了战争的行列。美洲奥里诺科河上游的沙里瓦·阿卡瓦部落曾有这样一个古老传说："善良的神和邪恶的神为争夺对宇宙的统治权，双方发生了战争，善的神从天空发出强劲的闪电来保护盟友（大地）。"在"可怕的战争"中，我们曾见到过这种叫做"闪电"的武器，它是一种能产生高爆、高热的武器。当然，反叛者也会轰击月球大本营，很可能月球宇宙飞船在这场战争中受到了严重创伤，已经失去了一部分功能，也许是损坏了先进的反引力装置，使它再也无法留在地球近地轨道上，否则，地球的巨大引力可能会将它彻底摧毁，所以它不得不上升到一个受地球引力影响相对小的安全轨道。从盘古神话中我们看到，月球在上升的过程中，可能由于损坏严重，几次差点坠毁地球，最后它还是顺利地盘旋而上，天地发生了分离。

地轴会偏移吗

我们之所以肯定天地分离是事实，而非杜撰，还因为天地分离的神话里，有许多内容并不是凭人类的想象就可以创造出来的。《淮南子》在描述天地分离时，曾说到一个重要的天文现象，即"天倾西北，故日月星辰移焉"，除非一次巨大的天象变动，否则，没有任何人能够凭空想象出这个情节。当时的人肯定在天地分离时看见北极星等其他一些定位星辰相对于地轴的指向，并非像现在这样基本对准北极星，地轴在人类大灾变（包括天地分离）中发生过严重的偏移。

那么地轴以前的方位是怎么样的呢？

《山海经》是中国重要的一部上古文献，它涉及地理、天文、文化等许多方面的内容。对于这本上古文献，我们了解得很少，甚至有许多内容至今读不懂。后人在研究山海经时发现，这本书的定位与我们目前的定位大不相同。《山海经》第一卷是南山经，依序各卷为西、北、东经，其海内、海外经均按南、西、北、东的方向记述。为什么会形成这样奇怪的定位法呢？各家意见很不相同。最近，有一位研究《山海经》的学者认为，《山海经》的作者是从南半球向北半球旅行，最后定居九州（中国），因为在地球北部的方位是上北、下南、左西、右东，而在地球南部则刚好相反。

这个观点有其合理的成分，但却没有证据。《山海经》定位的原因，完全可以用另外一种解释。我们认为，《山海经》成书于春秋战国时期，是后人追记前人事迹的作品，因此它很可能是按前人生活时的方位来记述的，即现在的南方在远古的时候很可能偏向东，这是因为地轴向现在的西北偏移造成的。有这种可能吗？在回答这个问题之前，先让我们看一些其他证据。

大家知道，现在的地轴是南北向，与赤道平面几乎成90度角垂直。在地轴的南北两极，终年被厚厚的冰层所覆盖，这是由于太阳光照射的角度造成的。太阳光直射地球赤道，随着地球围绕太阳的运转，太阳光直射范围逐渐向北、向南移动，但最北不超过北回归线，最南不超过南回归线，当太阳直射南回归线的时候，北极地区就长期见不着太阳，太阳直射北回归线时，南极也会有相同的情况。因此，南北两极的年平均气温都在-10℃左右，即使在最温暖的季节也不会高于8℃，而且为时甚短。

然而，在历史上南北两极并非像现在如此寒冷。在中国的远古神话里，北冰洋并没有处于封冻状态，而是一片波涛汹涌的大洋，《列子·汤问》里，黄帝就曾担心海上5座仙山会漂流到北极去沉没，所以派了15只大龟轮流驮负。《山海经·海内经》中说，北极地区有幽都城，上面住着鬼魂，实际上也在变相地说明北极可以居住。

不久前，荷兰的一位科学家在北极地区发现了一座很大的古城。发现时，古城的90%已被冰雪覆盖，只有一些建筑物的顶部露出冰面。现在已在这座古城中发现宫殿、寺院、讲坛等遗址，但建造这座古城的人已经消失。世界上没有任何一种记载说明是什么人建造的古城。据推测，这座古城已有1万多年的历史。

早在19世纪，人们就曾在北极圈内发现煤层，经鉴定，这些煤是由一些东方红松和沼泽柏树形成的，目前这些树种仅仅生长在中国。1985年8月，加拿大地质学家玻尔驾驶着直升飞机，在加拿大北部，距北极点只有几百公里的阿克塞尔、海纳格岛上调查时，意外地发现，在光秃秃的土地上竖着一些奇怪的东西，很像是化石森林，他将这一发现报告了加拿大政府。1986年6月25日，加拿大萨斯卡彻温大学地质系古植物学家巴森哥教授率6人考察队来到阿克塞尔岛，发现这的确是一片化石森林，只是有许多树木并没有完全石化，有的看上去就像刚砍倒不久，有的甚至还带有软木质部分，呈现出红色。这些树木种类很杂，有白桦、落叶松、冷杉等。这些情况说明，在人类已经懂得建造城市的时期，北极还是一片鸟语花香、适合人类居住的乐土。

北极的情况如此，那么南极呢？20世纪70年代以来，世界各国纷纷来到南极考察，人们在南极洲发现了许多矿物，除各种有色金属外，还有丰富的铁矿，煤的蕴藏量估计有5000亿吨，石油的蕴藏为400亿桶。当然人们还发现了许多爬行类化石，也发现了不少植物化石。此时，读者一定想起了1929年

吸引眼球的宇宙探秘

在土耳其发现的皮里·赖斯的奇怪地图，这幅地图中南极洲大陆并没有被冰雪覆盖。事实上，南北两极的气候条件应该是对等的，北极温暖的时候，南极必定温暖。

南北两极被冰层覆盖已有15000年的时间，上面说过，造成这种现象的原因是太阳照射的角度。如果想使南北两极温暖，

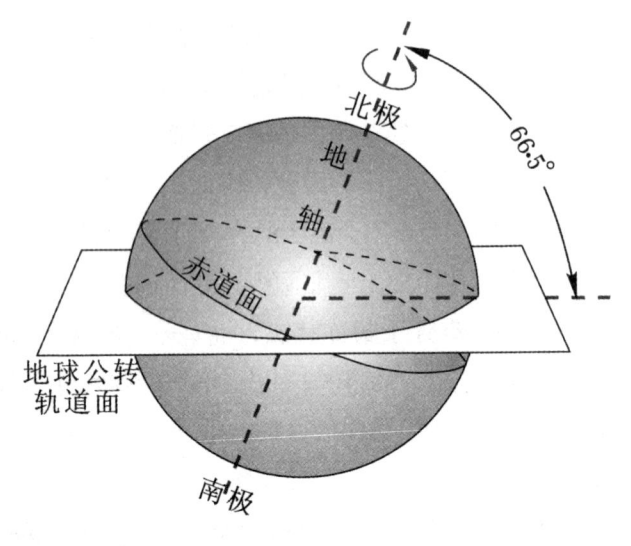

△ 地球地轴

只有两个办法：一是改变地轴的指向；二是改变地球围绕太阳旋转的轨道。后一种可能显然行不通，因为地球在太阳系一经形成就以这条固定的轨道绕太阳旋转，看来只能是地轴的指向发生变化，或者向现在的东北偏移，或者向西北偏移，这样才能使两极脱离极地，变得温暖起来。根据古史里的其他证据，我们判断：15000年前地轴是向现在西北一东南方向偏移的。

《山海经·海内经》："有木名曰建木，百仞无枝，（上）有九楼，下有九枸。（建木）引之有皮，若缨黄蛇。"《淮南子·地形篇》称："建木在都广，日中无影，呼而无响，盖天地之中也。"据考证，所谓的"都广"就是现在的成都。这则记载中有一条重要的线索：建木高百丈，但却在太阳下没有影子（没有影子是夸大，但影子极小是事实），并说它生长在天地中间。我们不妨想一想，一颗大树在太阳下影子极小的情况在什么地方能够发生呢？只有在赤道附近，至少在回归线以内，这些地方太阳光直射，所以树林的影子极小，而且越接近赤道影子越小。而现在的成都在北纬30度线上，不可能发生树木在日照下无影的情况。但是，如果地轴向西北一东南偏移一个很大的角度，成都就有可能进入北回归线之内。

还有一个证据，人们在整理上古埃及留下的各种文献时，发现在一种文献中讲到了钟表的制造，它是按一年中最长的白天与最短的白天之比来制

136

造钟表的，大约是14：12，而这个时区是在赤道及南北纬线15度范围内。可是，上古埃及文明最发达的地区是尼罗河三角洲，大致也在北纬30度线上。他们为什么要制造与他们时区不相符的钟表呢？很可能当时埃及正位于这个时区内，这也说明地轴不在现在的位置上。

雅利安人曾生活在现在的印度一带，但他们不是当地的土著居民，是从一个很远的地方迁徙过来的。据雅利安人的古籍《赞德·阿维斯塔》说，他们迁徙的原因是那里的气候发生了变化（这是古代部落迁徙的重要原因之一）。据这本书说，他们曾经住过的地方太阳、月亮、星辰一年只在他们头上出现一次，1年好像是只有1个白天和1个晚上。这种现象只能发生在极地。由此我们这样认为，雅利安人最早的居住地是个温暖的地方，很适合人类居住（否则他们早就迁徙了），但渐渐的这个地区变成了极地，无法再生存下去只好迁移。这也反过来说明，现在的北极在很早之前是温暖的，也就是说地轴并不是现在的指向。

根据以上这些证据，地轴在很久之前不在现在的位置上，而是向西北——东南偏了一个很大的角度。大约在1万年前一场巨大的事变，使地轴移到了现在的位置上。这个事变，我们认为就是天地分离。被击坏了反引力装置的月球产生的巨大引力使地轴迅速向现在的位置上移动，整个过程大约只有几个月。这样短的时间内发生了如此大的巨变，产生了一系列难以想象的后果。

吸引眼球的宇宙探秘

前古生代地球模样

古生代是地球发展史中的第二个重要阶段，距今约有6～2.5亿年。包括寒武纪、奥陶纪、志留纪、泥盆纪、石炭纪和二叠纪六个"纪"，长达3.5亿年。通常又把寒武纪、奥陶纪和志留纪称为"早古生代"，把泥盆纪、石炭纪和二叠纪称为"晚古生代"。

早古生代距今约4～6亿年。这时地壳进一步稳定，陆地面积扩大，并出现了比较广阔的浅海环境。在植物方面，海生藻类空前发展，形成"海生藻类时代"。在动物方面，无脊椎动物在海洋里大量出现，已发现动物化石就有2500多种。主要有三叶虫、笔石、珊瑚等动物。因此把这个阶段叫做"海洋无脊椎动物时代"，三叶虫是代表寒武纪的标准化石，它在寒武纪出现在海洋中，二叠纪末灭亡。

在志留纪末期，地壳变动加剧，称为"加里东运动"。结果形成许多褶皱山脉，如欧洲西北部和中亚地区等山脉，都是这时形成的。因此，陆地面积进一步扩大。

晚古生代距今约2.5～4亿年。石炭、二叠纪时，由于陆地面积扩大，浅海环境广阔，这就为植物征服大陆提供了条件。同时，植物"上岸"又为动物"登陆"，作好了准备。所以，石炭、二叠纪时在大片的低湿炎热地区，各种蕨类植物相当茂盛，出现了万木参天、密林成海的沼泽森林景象。所以把石炭、二叠纪称为"蕨类时代"。这些高大的茂密森林，主要是由芦木、鳞木、封印木等蕨类植物组成，有的高达30多米，后来变成了大片的煤田。现在地球上的大煤田多是这个时期形成的。我国的本溪、开滦等煤田就是此时形成的。

晚古生代不仅植物繁茂，动物也明显增多。到泥盆纪时，有大量的原始鱼类出现。所以把泥盆纪称做"鱼类时代"。到了泥盆纪末期，许多浅海变成沼泽和陆地，鱼类遂向两栖类过渡，生物开始向陆地"进军"。到二叠纪时，两栖类得

△ 古生代地球的模样

到空前发展，所以又把石炭、二叠纪叫做"两栖类时代"。到了二叠纪晚期，气候开始变干，动物就从两栖类向爬行类过渡。

在石炭二叠纪期间，地球又发生一次强烈的地壳变动，叫做"海西运动"。由于海西运动在地球上出现许多新的褶皱山脉，如我国的天山、祁连山，北美洲的阿巴拉契亚山，亚欧之间的乌拉尔山等都是这时形成的。结果，陆地面积进一步扩大，北半球的亚欧大陆和北美大陆的雏形都已基本形成。

中生代地球模样

中生代包括三叠纪、侏罗纪和白垩纪三个纪，历经约1.8亿年，距今0.7～2.5亿年，是地球发展史中第三个重要阶段。晚古生代末期，由于陆地面积进一步扩大，气候条件发生变化，特别是逐渐变干，而使蕨类植物开始衰退。到了中生代，裸子植物得到进一步发展，如银杏、松柏和苏铁等裸子植物逐渐代替了蕨类植物。到侏罗纪，裸子植物达到极盛时期。动物界、大大小小的恐龙繁盛。恐龙这种爬行动物，最大的身长30米，高18米、体重可达50吨，真是一个奇特的庞然大物。十分明显，到了中生代，由于古地理和古气候的变化，裸子植物代替了蕨类植物，爬行动物代替了两栖动物。所以，把中生代称做"裸子植物和爬行动物时代"。中生代由于有这样高大的植物和巨大的动物，后来就逐渐变成了许多巨大的煤田和油田。如我国的大庆、大港和胜利油田，以及阜新、大同等煤田都是这时形成的。

到了侏罗纪产生了在天空飞翔的翼龙，继而出现了原始鸟。始祖鸟具有鸟的基本特征，有鸟嘴、羽毛、能飞。但嘴里长着尖锐的牙齿，还有一条很长带着尾椎骨的尾巴。这是一种由爬行动物向鸟类演化的奇异的过渡类型动物。

中生代还有蜻蜓、蚂蚱、蚂蚁等1000多种昆虫繁衍。

中生代在环太平洋一带发生了强烈的地壳变动，称为"燕山运动"。结果形成了东亚大陆边缘和北美西部的一些褶皱山脉。地面起伏加大，陆地面积进一步扩展。中生代末期，可能是由于地球上的气候急剧变冷，而导致恐龙的突然灭绝。鸟类和哺乳动物开始出现。

地球的重力变化之谜

地球上的物体都有重量，这是地球重力的反映。地球的重力即地球对其附近物体的吸引力。但严格地说，重力不仅是由于地球对物体吸引这种单一力量所造成的，而是由地球对物体的吸引力（f）和地球自转而产生的惯性离心力（P）两个力合成的。由于地球的吸引力远远大于惯性离心力，即使在赤道一带，惯性离心力对重力的影响也是十分微小的。所以引力是决定重力大小的根本因素。重力与引力虽不相同，但就其大小和方向来说，两者都是十分接近的。由于地球是个椭球体，赤道半径较极半径大21.4千米，致使重力随纬度而变化，由赤道向两极逐渐变大。据计算，两极的重力比赤道大0.53%，在两极重量为100千克的物质，搬到赤道就变成99.47千克了。此外，重力还随高度而变化，地势越高，重力越小。

把地球作为一个均质体，而计算出来的地面任何一点的重力，叫做正常重力。但实际上，地球表面有高低起伏，地球内部的组成物质又随地而异，所以各地实测的重力往往与正常重力有出入。这种差异称为重力异常。凡实测重力大于正常重力的称为正异常；反之称为负异常。当地下组成物质比重大时，就会出现正异常；反之，则会出现负异常。应用这种原理进行地下资源探测，称为重力探矿。当地下蕴藏着比重较大的铁、铜、铅、锌等金属矿体时，就会出现重力正异常；反之，如果地下有石油、煤、天然气或大量的地下水等比重较小的物体时，则会出现负异常。重力测量对研究地壳构造和探矿具有重要意义。

吸引眼球的宇宙探秘

影响地球自转均匀性之谜

400多年前，哥白尼根据物体相对运动的道理，靠观测日月星辰东升西没的视运动现象，向"天动地静"的旧观念提出了挑战。但当时哥白尼的学说还只是假说，"是天动还是地动"的争论并未见分晓，是后世的科学家相继提供证据，"假说"才取得最后胜利。

首先，地球本身的椭球体形状就是它自转运动的证据。作圆周运动的物体具有"离心"的趋势，因此地球上的物质有向赤道方向移动的趋势，所以地球的两极应该扁平，赤道应该突出。这个问题最早由牛顿想到，实测结果证实地球确是椭球体。假如地球停止了自转，赤道附近的海水将大量涌向两极。

再一证据是不同纬度上的重力不一样，极地较大，赤道较小。地球自转线速度随纬度的减低而增大，由此所产生的惯性离心力也随纬度的减低而增大，这样一部分重力被惯性离心力所抵消。另外，又由于地球是椭球体，纬度越低，距地心越远，因而重力也越小。极地海平面的重力与赤道海平面的重力两者成190与189之比，就是说某一物体在极地重量是190公斤，拿到赤道上就是189公斤了。

第三个证据是落体扁东。因为当物体从高处降落时，由于惯性，仍保持着它原来随地球向东自转时的速度，而高处的速度比低处稍大物体便沿着抛物线偏东降落。曾有人从矿井口丢下物体，落到85米深的井底偏东11毫米。

验证地球自转最生动的试验是傅科摆。1851年，法国物理学家傅科悬吊起一只又长又重的大摆，使其自由摆动，从而让观众清楚地看到地球确实在转动。这是因为单摆如无外力干扰，摆动方向保持不变。设想在北极地区有一只自由摆动着的单摆，地球沿逆时针方向转动，摆仍保持其原来摆动的方向。我们站在单摆下，并不感到地球转动，反而觉得摆按顺时针不断改变方

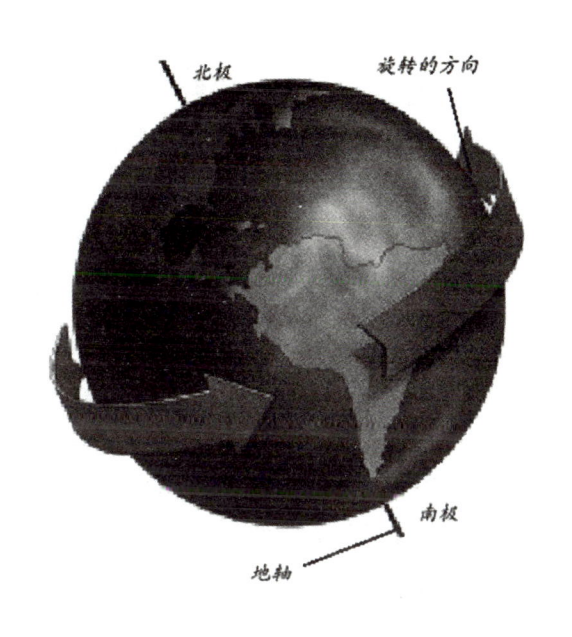

向，每小时可改变15度角。在其他地方，摆每小时改变的角度则与其所处地理纬度的正弦值成正比。例如北京是北纬40度，傅科摆每小时改变的角度便是9.6度。

那么，地球是不是均衡地绕着自己的轴在旋转，每24小时旋转一周呢？多少世纪以来，人们从未对这一点产生过怀疑。可是真没想到，地球"欺骗"了人们，而且"欺骗"了从古以来许许多多天文学家。地球并不是那么老老实实地按照均匀速度自转的，在一年内，它有时快有时慢，在几十年内，有几年会突然转得快些，而在另一个几年内，却又慢了下来，好像地球也有高兴和不高兴的时候，高兴的时候，它加快了步伐，不高兴的时候，就走得慢一点。

地球这个怪脾气是如何被发现的呢？原来，世界各地的天文台，都有一种走得十分正确的石英钟，这种石英钟放在天文台特设的地下室里，那里一点风、一点声音都不让进去，里面的温度也不让有一点儿变化，以免影响石英钟的正确性。石英钟在清静的地下室里，一心一意、一天又一天地计算着地球自转一周的时间。天文学家从来没有对石英钟的工作正确性发生什么怀疑。不料，石英钟却开起玩笑来了。首先是德国波茨坦测地研究所的天文学家发现了这一点。他们发现石英钟在秋天忽然慢了下来。到了冬天的时候又恢复正常；一到春天又突然快起来，而到了夏天却又是走得很正确。

这种变化当然是微小，但习惯跟数字打交道的天文学家，却不肯放过这看来微不足道的变化。他们怀疑起石英钟的工作正确性来。这种发现，不断从世界各个著名的天文台传了出来。法国的巴黎报时台、美国的华盛顿报

143

吸引眼球的宇宙探秘

时台、英国的格林尼治天文台、苏联的天文台，都发现自己地下室里的石英钟，有不正常的"调皮行为"：秋天走得慢一些，春天走得快一些。

难道世界上所有的石英钟都会产生同样的毛病？不会！于是，天文学家从另一方面去怀疑：不是石英钟在"调皮"，而是我们地球本身在"调皮"，不是石英钟在秋天走得慢，春天走得快，而是地球在秋天转得快，春天转得慢！

现在已经真相大白，地球的转动是不均匀的！它在八月间转得最快，而在三四月间转得最慢。地球的自转运动不仅在一年中是不均匀的，在许多世纪的过程中也是不均匀的。在最近两千年来，每过100年，一昼夜就要加长0.002秒钟。而且每过几十年，地球还会来一个"跳动"，再有几年转得快，有几年又转得慢。地球为什么会产生这种"调皮行为"呢？

科学家们孜孜不倦地找寻原因，提出许多见解来：

有人认为这与南极有关。南极的巨大冰河，现在正在慢慢融化，就是说南极大陆的冰块在减少，南极大陆的重量在减轻。这样地球失去了平衡，影响了自转速度。有人认为与月亮有关。月亮能引起地球上海水的涨落，这种涨落是和地球旋转的方向相反的，这样就使地球的自转速度逐渐变慢。最新的解释，也是最有趣的解释是：阻碍地球正确运动的是季节风。英国的科学家杰福利斯计算过：每年冬天从海洋吹到大陆上，夏天又从大陆流向海洋的空气（就是风），重量大得难以相信，竟有3万亿吨！这么大重量的空气，从一处移到另一处，过一阵儿，又从另一处移回来。这样地球的重心就起了变化，地球的轴发生了变动，结果旋转速度也就时快时慢。影响地球自转均匀性的原因究竟是什么，天文学家还在探索中。

地球在一年中的变迁之谜

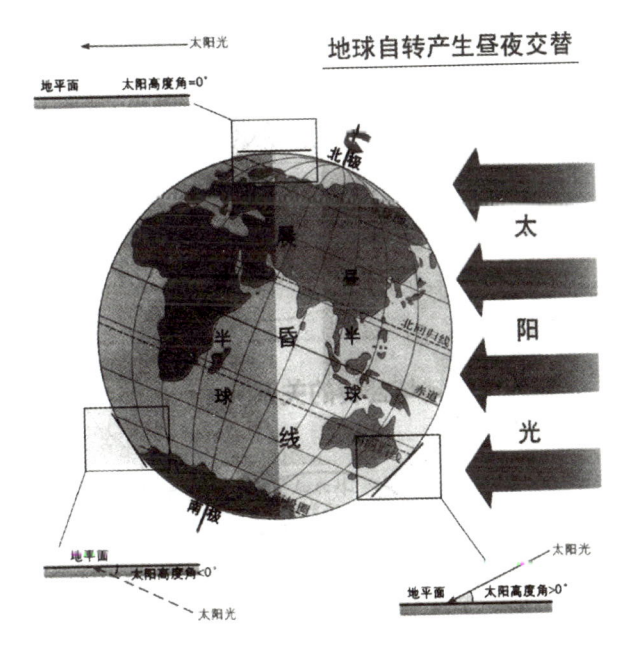

古希腊学者亚里士多德曾说过："地球变化同我们短暂的生命相比，是很缓慢的，因此简直注意不到它的变化。"但是，随着科学的发展，地球跳动的"脉搏"，地球上的"新陈代谢"，已逐渐被人察觉。有人测出，地球已在"发胖"，一年之中地球直径伸长了5毫米。又有人测出，地球正在放慢速度，它的自转减速了。致使地球上一昼夜的时间增长了百万分之五秒至百万分之十四秒。

△ 地球自转产生昼夜交替

地球一年绕太阳走了96000万公里。在面对太阳的情况下，吸收了$14×10^{18}$千瓦小时的能量，或者说地球在一年中从太阳中吸收了相当于17亿吨煤的热量，可惜这些能量只被人应用了极少一部分。每年从宇宙落到地球上的陨石有36000～72000亿块。尽管这些"天外来客"在长途旅行中，损耗极大，但以每块平均一毫克计，也有3600～7200吨之巨。

地球的面积是51000万平方公里，每年降落到这块土地上的雨量约511000立方公里，即$5.1×10^{14}$吨，这相当于地壳上陆地水和陆地冰的总重量。显然在地壳上每年蒸发掉的水也有这么多，才能保持平衡，循环不息。其中

145

90%，即约46万立方公里的水是由海洋蒸发的。地球上空每秒钟发生100次闪电，按此计算，一年发生315360万次，而每次闪电可把空气中的氮转化为氮肥，相当于80公斤。这样，一年由于闪电制造的氮肥落到地面上，约有43800万吨之多。闪电的速度在每秒160～1600公里之间。当雷电达到地面时，速度可达每秒14万公里，即接近于光速的一半。观察闪电的长短视地区和可见度而变化。在山区，当云层很低时，人们看到的闪电不到91米长；在平原，当云层很高时，可以看到6公里长的闪电。人们所能看见的闪电可长达32公里。闪电轨迹很窄，可能只有1厘米左右。估计地球上每年能测到500万次大小地震，其中5万次人能够感觉到，约1000次会造成破坏。根据1977年规定的新的震级计算，1960年5月22日，在智利莱布发生的一次地震，震级达到9.5级，这是世界上最大的一次地震。引起物质损失最大的一次地震是1923年9月，发生在日本关东平原的8.2级大地震，震中位于北纬35°15′，东经139°30′。这次地震时，相模湾大规模上升，并在海底发生巨大错裂，最大垂直位移达100米。不仅关东的东南地区上升，而且同时西北地区下沉，最大沉降达16米。最后相模湾海底下陷了400米。在这次地震中死亡和失踪的官方数字是142807人。从东京到横滨，575000间住房遭到地震毁坏。地球上已知的活火山总数为455座，外加海底活火山约80座。印度尼西亚是活火山最集中的地方，根据人类的记忆，那里167座火山中有77座喷发过。地球上火山喷出的"火山灰"，每年有66000万立方米。地球上每年有160亿立方米的泥沙被河流冲进大海，因而使三角洲或陆地逐年延伸。一年的变化，在人类的历史长河中，虽是微不足道的，但从这些惊人的数字来看，又是巨大的。

为什么地球不是圆的呢

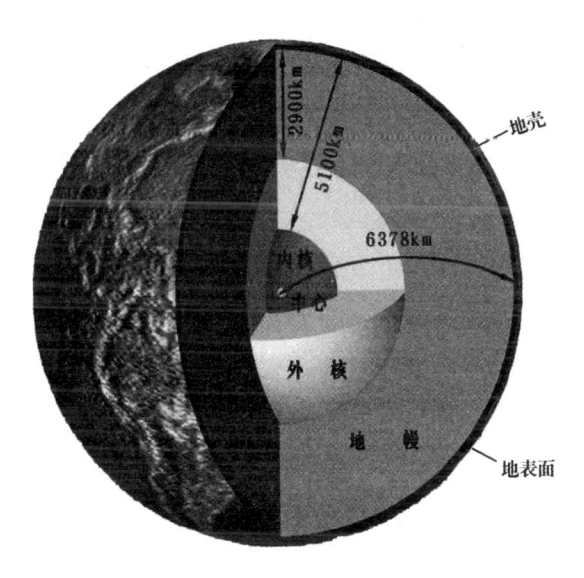

地球的形状，顾名思义，是"球"形的。不过，对于"球"形的认识曾经历了一个相当长的过程。公元前五六世纪，古希腊哲学家从球形最完美这一概念出发，认为地球是球形的。到了公元前350年前后，古希腊学者亚里士多德通过观察月食，根据月球上地影是一个圆形，第一次科学地论证了地球是个球体。我国战国时期哲学家惠施也早已提出地球呈现球形的看法。1519年，葡萄牙航海家麦哲伦率领的5艘海船，用3年时间完成了第一次环绕地球的航行，从而直接证实了地球是球形的。从此，人们便一致把我们所在的世界称为"地球"。

△ 地球结构

最早算出地球大小的，应该说是公元前3世纪的希腊地理学家埃拉托斯特尼。他成功地用三角测量法测量了阿斯旺和亚历山大城之间的子午线长，算出地球的周长约为25万希腊里（39600公里），与实际长度只差340公里，这在2000多年前实在是了不起。

随着科学技术的发展，在17世纪末，人们对地球是正圆球的主张开始发生了怀疑。1672年，法国天文学家李希通过测定，发现地球赤道的重力比其他地方都小，提出大地是扁球形的主张。

吸引眼球的宇宙探秘

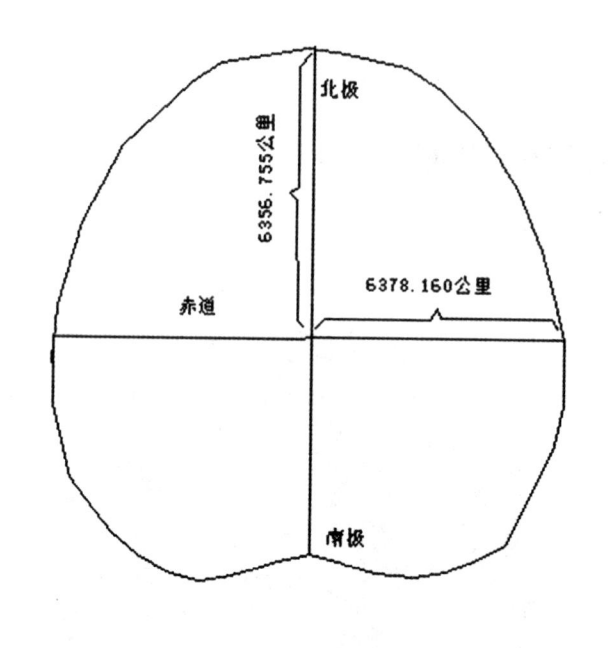

△ 地球的形状

17世纪末，英国大科学家牛顿研究了地球自转对地球形态的影响，从理论上推测地球不是一个很圆的球形，而是一个赤道处略为隆起，两极略为扁平的椭球体，赤道半径比极半径长20多公里。1735～1744年，法国巴黎科学院派出两个测量队分别赴北欧和南美进行弧度测量，测量结果证实地球确实为椭球体。

20世纪50年代后，科学技术发展非常迅速，为大地测量开辟了多种途径，高精度的微波测距，激光测距，特别是人造卫星上天，再加上电子计算机的运用和国际间的合作，使人们可以精确地测量地球的大小和形状了。通过实测和分析，终于得到确切的数据：地球的平均赤道半径为6738.14公里，极半径为6356.76公里，赤道周长和子午线方向的周长分别为40075公里和39941公里。测量还发现，北极地区约高出18.9米，南极地区则低下24～30米。

看起来，地球形状像一只梨子：它的赤道部分鼓起，是它的"梨身"；北极有点放尖，像个"梨蒂"；南极有点凹进去，像个"梨脐"，整个地球像个梨形的旋转体，因此人们称它为"梨形地球"。其实地球确切地说，是个三轴椭球体。

地球的年龄之谜

地球诞生于何时，什么时候开始分成地壳、地幔和地核的，生物圈、大气圈和水圈有多少岁了，保护地球上一切生命的磁屏障又有多少岁了？要弄清这些问题是不容易的，何况这一切都属于极其遥远的远古时代。

有没有能够探测在几十亿年前的远古时代所发生事件的信号、类似强大的天文望远镜的"望远镜"呢？有，大自然创造了一个向导，这便是独特的地质钟（说得更确切些，甚至可说是宇宙钟），它将人类带往神秘的地球童年迷宫。这是一种基于放射性元素衰变规律的钟。一种元素的同位素在失去了某些粒子后，会魔术般地具有其他元素的性质，这就是衰变。取一块岩石，我们便能定量地确定其中的"母"物质和"子"物质，以及估计衰变的时间——岩石的年龄。岩石还有一种更奇妙的性质：每种元素都以它自己独特的、互不重复的、均匀的特征速度发生衰变，而与时间、压力、温度统统有关。这样的"钟"走得相当准，更兼有几种"牌号"可供选择：铷—锶"钟"（半衰期488亿年），铀238-铅"钟"（半衰期45亿年），钾40—氩"钟"（半衰期12亿年），最后是记载最近年代的"碳"钟（半衰期5000万年）。那么，地球有多少岁了？原则说来，根据地球岩石显然是绝不可能知道的。最古老的岩石没有保存下来，地球深处的高温使它们熔化了，于是记录地球青年时代的痕迹也消失了。现在能看到的最古老的化石要算在格陵兰找到的花岗闪长岩，达37亿年。但这种岩石是第二代的变质岩。陨石是一种不变的"宇宙化石"。各种"牌号"的钟确定各种陨石的年龄很一致，都为45.5亿年，可将它作为地球的年龄。近年，飞船从月球上带回一些40亿年前硬化的月面土壤样品，它的年龄是45.5亿年，与陨石的资料是一致的。正是这种生成于远古时代的宇宙岩石向人类传递了地质学的接力棒。同位素地质年代学可使人类看到更遥远的古代，即看到处于核合成的时代的行星"胚胎"状态。加利福尼亚大学教授林纳德做了一个重要的实验,表明陨石里出现的部分惰性气体氙129是曾在某个时期存在过的放射性碘129的衰变产物(后来在地球大气中也发现了这一点)。今天这种碘同位素已不复存在,要知道它的半衰期只有1700万年。氙129的发现意味着陨石和地球是在核合成后的几百万年内形成的。可见,地球"胚胎"的产生并不比地球诞生早很多时候。更奇妙的是陨石、地球岩石和月岩样品中各种元素的同位素的比例是相同的。这说明它们都在同一个核"锅"里"煮"过,并在"盛"到行星这个"碗"里以前就已经过了许多次的混合,碘129"记录"到的最后一次太阳系爆发可能与邻近太阳的超新星爆发有关。在超新星产生的可怕冲击下可能开始了原始星云的收缩——这是未来产生行星的必然标志。

  原始星云在微观上是绝对均匀的,还是由微米大小的、已有各种化学成分的粒子组成的呢?这是物理学家和行星学家们争论的焦点。但不论哪种情形,地球具有球状特征——分层结构则是后来才有的。那么就要问:这发生在什么时候,地核又有多少岁了?这可根据有剩余磁化的岩石的年龄来确定,这种剩余磁化形成于岩石硬化之时。岩石中的基本磁场随当时的磁极方向的变化而转向,并记下了磁场强度。人们假设:一个磁场可通过地球液态铁核内的物质流动而建立。最古老的剩余磁化岩石——辉长岩,是在非洲找到的,它的年龄达26亿年。这表明地磁场和地核在那时便已存在。有人认为地磁场出现得还要早些,约36~37亿年前,因为这种年龄的变质岩也发现有剩余磁化。总之,地核出现在很早的地球婴儿时代。这与登月飞船的月球上带回来的月岩是一致的,30亿年龄的月岩和古剩余磁化有很高的对应磁化强度,与今天的地磁场强度差不多。

  地核的出现既可能是行星成熟的标志,也可能是大气产生的标志。日本有一教授认为大气产生得很早,并且是以爆炸的方式突然产生的。他仔细地研究了大气和金刚石中的同位素氩40和氩36,得出地球大气是在40~35亿年前从地球熔岩中释放出来的结论。最初的大气是由二氧化碳、氮和水汽组成,这种大气层很薄,太阳风和紫外线可以穿过它到达原始土壤上,引起化学变化,产生有机物。如果在原始大气中还有一氧化碳,那么原始暴风雨的闪电也会合成出珍贵的未来生命胞籽,并靠氧气维持。它的出现同样属于遥远的前寒武纪。在古老的沉淀物中发现了"有机"碳，这意味着发现了生命的痕迹。因此由于生物的光合作用，早在35亿年前地球大气中就出现了氧气。最后，地球物理学家还必须重视地球化学中有关地幔和地壳交换质量的新资料。用质谱仪测定各种年龄的火山玄武岩样品（从地幔流出的），得到同位素锶87和锶85的含量比。锶87是放射性铷87衰变来的，所以由这种同位素含量比可以知道铷–锶系列有没有被封闭，以地幔迁移到地壳的元素是"母"元素还是"子"元素。看来这种迁移确实发生了，而且迁移的是铷。原因在于铷有较大的电离半径，于是它比锶更快地占据了岩浆中的"空隙"，然后通过炽热的火山被带到地面上。由此可推出一个重要结论：现代地壳完全不是地球早期发展阶段产生的古代地壳重新结晶的产物，而是发生在整个地球史阶段，由来自地幔的物质逐渐形成。

  地球学的复杂性还在于研究者的有限生命，与地球内部发生的过程相比短得不可思议。在这种条件下根本不知道用外推的办法是否可靠，而实验室里的物理化学方法也显然是不充分的。对地球学而言，比较可取的一种方法当推行星比较学。选择处于不同发展阶段的行星"样品"，这样便能更好地认识地球。

  过去通常认为地球的年龄为150亿年。德国波恩大学的两位学者最新研究的成果表明，宇宙诞生至今已有300亿年。

吸引眼球的宇宙探秘

地球上最大的伤疤之谜

在地球表面上，没有比东非大裂谷更奇异的地方了。这里就像被人用刀深深地划开一长条口子。你在地图上很容易找到这条"伤痕"。广义的东非大裂谷，从靠近伊斯肯德仑港的南土耳其开始往南，一直到贝拉港附近的莫桑比克海岸。水注进那些割裂最深的"伤口"，形成了40多个与众不同的条带状或串珠状湖泊群。亚洲部分包括约旦河谷和死海，通过红海登上非洲大陆，到达图尔卡纳湖以后，分为两支，环抱非洲最大的维多利亚湖继续南下，在马拉维湖北岸又合而为一。裂谷跨越50多个纬度，总长超过6500公里，人们称它是"大地脸皮上最大的伤疤"。未被湖水占据的裂谷带，表现为一条巨大而狭长的凹槽沟谷，宽度50公里左右。两边都是陡峻的悬崖峭壁，高差达数百米至千米以上。谷底同断崖之间是两条平行的深长裂隙。裂隙深达地壳底部，自然成为地下的炽热岩浆喷出的通道，因此裂谷带也是大陆上最活跃的火山带和地震带，总共拥有十多座活火山和70多座死火山。结果就出现了悬殊不同的奇异的地貌形态：一方面是非洲大陆上地势最低的深沟，有几个湖泊的水面甚至低于海平面：吉布提的阿萨尔湖面高程为—150米，是非洲大陆的最低点；亚洲的太巴列湖面，海拔为—209米；死海—392米，是世界上湖面最低的地方。还有几个湖泊的深度，也是创世界纪录的。坦噶尼喀湖深1435米，马拉维湖深706米，分别列为世界第2和第4深湖。如果把湖水抽干，它们的湖底将分别低于海平面653米和243米。

另一方面，沿裂隙涌上来的熔岩流，构成裂谷两岸宏伟的埃塞俄比亚高原和东非高原，前者海拔2000～3000米，为非洲最高部分，素有"非洲屋脊"之称。高原面上还遍布高大壮观的火山锥：乞力马扎罗山海拔5895米，夺非洲高峰之冠；肯尼亚山海拔5199米，屈居第二。雪峰与碧波相互映照，显得格外神奇。大裂谷也是矿藏丰富的"聚宝盆"。沿火山口断层裂隙涌出

152

△ 东非大裂谷

来的熔岩，从地壳深处带上来大量铁、铜等金属元素，富集成矿。裂谷这深厚良好的沉积环境，又为石油、褐煤、石膏等沉积矿床的形成，创造了极为有利的条件。那一连串湖泊，大都是咸水湖，还有取之不竭的食盐和纯碱等。特别引人注目的是60年代在红海裂谷底部，发现三个奇异的高温"热洞"，涌上来的热卤水富含卤素和铁、锰、铜、锌等各种金属元素。初步的分析表明，热卤水沉积物中的金属矿的总储量高达上千万吨！另外，裂谷地区普遍蕴藏着丰富的地热资源，仅埃塞俄比亚境内就有500多处高温的温泉和喷气孔。单单把吉布提阿法尔三角区的地热资源全部开发利用，其发电量就足够整个非洲使用。

　　裂谷区大部属于稀树草原或半沙漠地带，地势开阔，人烟稀少，那些大小湖泊也是热带动物赖以生存的宝贵水源，因此大裂谷便成了珍禽异兽的乐园。许多国家在这里开辟自然动物公园和野生动物保护区。旅客必须坐在汽车里，才能安全地观赏野象、狮子、河马、羚羊、长颈鹿等动物的生活。

153

吸引眼球的宇宙探秘

人类也离不开水源，东非大裂谷也是已知的古人类的最早发源地。英国人类学家李基夫妇在坦桑尼亚奥杜韦峡谷，经过28年艰苦工作，终于在1959年发掘到175万年前的东非人头盖骨。此后，人们又在坦桑尼亚、肯尼亚和埃塞俄比亚境内的大裂谷中，找到更多更古的古人类化石，最早年龄定为350万年前，这是世界上已知的人类最早的老祖宗了。

人们总是在东非大裂谷中不断发现一些意想不到的惊人事实。过去一向认为，碳酸盐岩仅是沉积岩的一种，但在60年代初期，就在东非高原的裂谷带中找到好几个碳酸岩火山。

有人在研究肯尼亚裂谷时注意到，两侧的断层和火山岩的年龄，随着离开裂谷轴部的距离而不断增大，证明这里是一条大陆扩张的中心。根据美国"双子星号"宇宙飞船测量，红海的扩张速度是每年2厘米；在非洲大陆上，裂谷每年仅加宽几毫米至几十毫米。人们还能直接看到地壳撕裂的场面。1978年底，阿法尔三角区的阿尔杜科巴火山，在几分钟内平地突起，把非洲大陆同阿拉伯半岛又分隔开1.2米。

科学家们认为，红海和亚丁湾就是这种扩张运动的产物。如果照这样速度继续下去，再过几亿年，东非大裂谷就会越裂越开，"分娩"出一条新的大洋，它将无情地把东非国家同非洲大陆一分为二，完全分隔开来，这将是一个多么奇异的时刻呵！

地球磁极移动曾毁灭生命吗

人类赖以生存的地球有磁场，这是我们早已知道的常识，但很少有人研究地磁场与生命之间的关系。从第一艘载人宇宙飞船升空，太空人经历了没有引力而且失去地磁场的环境后，科学家开始研究地磁场对生命的影响。

1967年，美国发射了生物卫星二号，进行了13项研究。发现在太空中胡椒属植物叶子生长不正常，面粉甲虫翅膀发生异常等。

有人做过实验，把小白鼠放在只及地磁场强度1/5的弱磁场中生活一年，结果平均寿命缩短6个月，而且失去生殖能力。果蝇放在磁场强度22千奥的不均匀磁场中，几分钟就死亡。果蝇的蛹虽有一半变为成虫，但有1/10发生严重的畸形，活不到1小时就死了。

更有趣的是有些科学家根据统计发现，地磁场与胎儿性别也有关系。在胎儿发育初期，地磁场的方向会影响胎儿的性别。女性在怀孕初期一两个月内头朝北睡，生下的孩子里女性占多数，反之则男性占多数，当然此说尚待证实。

20世纪60年代，科学家研究生物化石后，发现磁场会换向、消失和恢复。磁场反转对生物的影响是严重的，25万年前的一次地磁场反转，使18种低等生物灭绝。70万年前的一次地磁场反转，也使7种低等生物灭绝。一些学者通过考察指出，400万年以来，地球磁场经历过"第一反转期"，约70～240万年，直到240～230万年前的高斯时期才恢复正常。从70万年前到现在，地磁场随着地球的自转和公转，每时每日都在发生偏移，每年以15～20伽马的速度减弱，目前尚存4万伽马磁场。大约在公元4000年，地磁强度将等于零。

一旦地磁场消失，地球上的居民将会面临难以抵御的种种威胁。因为磁性层将人类与宇宙中最危险的带电粒子隔离起来，好似地球的保护罩。一旦

吸引眼球的宇宙探秘

△ 地磁场保护地球

失去这一保护罩,蔬菜谷物都会因受到0.3微米波长的强紫外线辐射而减产,植物的光合作用就会减弱,海洋藻类、鱼类将大批死亡。更严重的是,人类将因强紫外线辐射而患上皮肤癌,生物将因染色体变化而发生遗传性疾病,某些生物,包括高级智能生命,将面临灭顶之灾。

霍普古德等人则提出关于磁极移动的假说,认为在过去的10万年中,地球磁极曾发生过3次移动:第一次是北极从加拿大西北的育空地区移至格陵兰海;第二次是从格陵兰海移至哈德逊湾;第三次是从哈德逊湾移至目前这个位置。

推测在1.2万年前的数千年间,由于地磁偏转、换向,造成大部分印第安人死亡,玛雅人集体自杀,撒哈拉平原、塔克拉玛干地区沙漠化急剧加强。为此,他们还用古生物学家的研究作为旁证。

1967年,美国学者尼尔·奥普戴克发现,一些放射性虫类曾在500万年前灭绝,那时恰好是地磁转向期。

1971年,美国哥伦比亚大学的詹姆斯·海斯通过对几十个"岩蕊"的研究发现，在放射性虫类的8次灭绝中，有6次都发生在地磁换向之际。也许，这不仅仅是偶然的巧合。然而地磁毁灭说还只是根据现在或未来推测过去，缺乏充分的根据和严格的科学验证。

首先，迄今为止，还没有发现在我们这次人类文明之前有世界范围内的文明存在；其次，地球磁场在过去数百万年中发生偏转、换向一说，本身尚需进行理论和事实上的严格论证；最后，地磁变化对人类文明究竟有多大影响，至今尚无确切证明。通常所说玛雅文化、撒哈拉文化，它们的消失本身还有其他原因可究，磁极毁灭说并无较强的说服力。

而在最近，俄罗斯中央军事技术研究所研究员沙拉姆别利杰又宣布，该所成功地测量到了地球磁极漂移现象。测量结果表明，地球磁极目前已漂移了200千米。沙拉姆别利杰说，现在还无法对此自然现象做出科学的解释，但可以肯定的是，地球磁极发生漂移将对地球产生影响。他解释说，地球将通过自己的表面裂缝或者"所谓的地磁点"，把地球内部由于磁极漂移而产生的过剩能量抛向宇宙空间，这种能量释放势必影响全球气候变化和人类的感觉。此外更需指出的是，地球在释放这种过剩能量时，会产生一种新的"能波"，这种"能波"将影响地球的自转速度，这意味着每天的时间长短可能会发生变化，一昼夜不再正好等于24小时。该研究所掌握的资料显示，他们已观测到了地球自转速度受到影响的有关状况。观测发现，地球自转变化周期大约为两周，自转速度放慢现象持续了两周，尔后又逐渐加快，这种加快自转的过程保证了地球每昼夜平均时间为24小时。

日前，俄军事技术研究所已经把所观测到的数据转交给俄罗斯气象与环境监控局，以使该局进一步观测并弄清这一自然现象将给工农业生产带来的影响。沙拉姆别利杰认为，当今频发的空难事故很可能与地球磁极漂移有关。据一些天文学家分析，地球磁极发生漂移的原因可能是因为太阳系目前正"穿越"银河系某个特定区域，它正承受着来自邻近其他宇宙天体的地磁影响。俄军事技术研究所的科学家说，类似地球磁极漂移这种现象，在太阳系其他星球上可能也正在同时发生。

在越来越多的事实面前，人们已经知道地磁场对生物存在着影响。不过对其中的机理有待深入的研究，还需要科学的根据和理论论证去揭示。

吸引眼球的宇宙探秘

地球光环之谜

人类觉察到太阳系行星上的光环，可能是300年以前的事。17世纪，科学家伽利略首先从天文望远镜里看到土星周围闪耀着一条明亮的光环。后来，人们又用天文望远镜观察了太阳系的其他行星，数百年过去了，也没有听说它们周围出现光环。所以人们长期以来一直认为土星是太阳系中唯一带有光环的行星。

1977年3月10日，美国、中国、澳大利亚、印度、南非等国的航天飞行器，在对天王星掩蔽恒星的天象观测中发现了奇迹。他们看到天王星上也有一条闪亮的光环！这一发现打破了学术界的沉默，在世界上掀起了一阵光环热，各国派出越来越多的航天飞行器去太空探秘。

1979年3月，美国的行星探测器"旅行者"1号飞到距木星120万千米的高空，发现木星周围也有一条闪亮的光环。同年9月，"先驱者"11号在土星周围又新发现两个光环，土星周围已经是三环相绕了。

太阳系其他行星上相继发现光环以后，作为太阳系行星之一的地球，会不会也有光环呢，它以前有过光环或者将来还会有吗？人们开始了思考。

一、地球曾有过光环吗

面对太阳系中其他大行星光环的相继发现，科学家们首先提出了"地球上曾经有过光环"的大胆设想。他们认为地球和其他行星一样，同在太阳系中，绕太阳运转，也应该有光环。这些科学家在地球上找到了许多地外物质，他们推测这些物质可能就是地球光环的"遗骸"。

美国有一位叫奥基夫的天文学家，曾经解释过这种光环现象的形成。他说，6000万年前的始新世，由于月球上的火山喷发，大量的玻璃陨石碎块被抛到地球，它们中的一部分变成陨石雨降到地球表面，另一部分则进入地球外层形成了光环。奥基夫还推测，在那个时代，地球上赤道的上空出现了光环，它

△ 地球从前是否有美丽光环

在地球上投下了淡薄的阴影。据估算，这个阴影遮蔽了地球上1/3的阳光，使得地球上冬天变得更冷。当时的北半球，夏季太阳的直射点位于赤道以北，这时赤道上空的光环影子正投向处于冬季的南半球，从而大大降低了南半球的气温。而此时正处于夏季的北半球没有光环的影子，所以北半球气温正常。当北半球进入冬季以后，光环的影子也随着移过来，从而使北半球气温降低而变得更冷。这种假说较为合理地回答了6000万年前地质时代的气候问题，解释了当时地球上冬天气温异常寒冷，而到夏天气温又较正常的奇怪现象。

地球上的光环是如何消失的呢？奥基夫推断是被阳光吹掉了。他说，太阳光的光线可能像一股股涓涓细流，打在什么东西上就对什么东西产生压力。在没有摩擦力的空间环境里，它在几百万年的时间里，足以把光环里的粒子吹离地球的轨道。

二、地球将来会有光环吗

根据奥基夫的推断，如果月球火山还保持活动的话，地球将来还会再度形成光环。

对这位美国学者的观点，学术界的认识一直未能统一，他的观点遭到了许多人的反对。但这些反对者中，许多人对"地球将来还会有光环"的预见并没有异议，所不同的只是在形成地球光环的物质上。有人认为形成地球光环的物质，并不是奥基夫所说的由月球上火山喷入地球轨道的熔岩，而是在地球强大引力作用下月球崩落下来的碎块。

根据天文学的理论计算和古生物的测定，在大约5亿年前的奥陶纪，地球上的一年有450天左右，每昼夜只有21.4小时，到了距今约4亿年的泥盆纪，一年仍有400天左右，每昼夜约合23个小时。这说明在漫长的地球发展史上，地球自转速度渐渐变慢。这是什么原因造成的呢？专家们说主要因素是潮汐作用。

潮汐是自然界由于天体对地球各部分的万有引力不等引起的潮涨潮落现象。引潮力的大小与天体的质量成正比，与天体距地球的距离的立方成反比。因此，月球的引潮力是太阳2.2倍。我们知道，月球在天空中每天东升西落，它在地球上的潮汐隆起（太阴潮），也是从东向西运转的。这种运转方向正好与地球自转相反，潮汐和浅海海底的摩擦，对地球起制动作用，使得地球自转逐渐变慢，自转周期逐渐变长。有人通过计算，推测出这种变化大约每百年地球的自转周期增加0.0016秒。由于地月系统是一个能量守恒系统，地球自转速度的减慢，破坏了这个系统原来已有的平衡状态，这就需要建立一种新的平衡，于是导致了地月距离的逐步拉大。地球自转速度的不断减慢，引起地月距离的不断增大，这种平衡形式的不断破坏和重建若能持续下去，那么在遥远的将来，势必有一天地球和月球的各自自转周期和公转周期都相等。

到那时，一天就等于一个月了。这样，太阴潮也就是月球在地球上的潮汐隆起也就停止了。这时，太阳在地球上的潮汐隆起作用仍在进行，专家们给这种作用取名为太阳潮。由于太阳潮也是自东向西传播的，这种作用使地球与月球距离的增大继续进行，再过一段时间，地球上的一天将长于一年。于是又出现了与过去形式相反的太阴潮。由以前的地球自转周期短、公转周期长，变成了相反的自转周期长、公转周期短。换句话说，就是以前的太阳潮时期是一月等于30天,新的太阳潮出现后过一定时间就是一天等于几个月了。但这时的月球自传方向不是自东向西的周日视运动,而相反却是自西向东运动了。那时,如果人类存在的话,看到的月亮可不是东升西落,而是西升东落了,"日月东升西落"的自然现象可能也一样成为那时人们中流传的远古神话了。

在那个时候,由于月球周日视运动方向的改变,使太阳潮的运转方向与地球的自转方向一致,不仅消除了潮汐和浅海海底的摩擦引起的对地球的制动作用,而且方向一致产生的极大惯性加速度,使地球就像顺风船,自转速度变快,自转周期变短,这样月球和地球的距离只有15000千米的时候,那时的一个月只有5.3小时,而一天却有48小时。估计强大的引潮力能把月球撕裂成许多一块块的巨大碎片,散布到地球的外层轨道中去,那时地球的外层空间里就会出现一圈明亮的光环。

"地球将来还会出现光环",科学家根据潮汐作用引起的地球自转速度、方向和月球与地球距离周而复始的变化,推出的这个假想,似乎是一个天方夜谭式的神话,缺乏令人完全置信的说服力,况且这种推想还没有建立起证据确凿的科学基础。但人们现在也很难拿出足以否定它的证据。按照这个假说,地球光环的再度出现将会是相当遥远的事,检验这种光环的出现的最高权威是事实,我们人类中谁能留下来欣赏这样的宇宙奇观,并为这种假说充当人证呢?显然谁也没有时间等这么长。我们只能通过宇宙卫星资料去寻找更多的解决这个问题的证据,完全解决这个问题恐怕不是一个短时间的事情。

"地球光环"问题已经被有关高技术国家列为重点研究课题,不久的将来恐怕会有更多解释这种现象的理论著述问世,从而出现更多的揭谜假说,我们可以预见人类总有一天会揭开这个谜底的。

失踪了的金星卫星之谜

在20世纪70年代末，人们仅知太阳系内有33颗天然卫星。但是随着科学的发展。尤其是空间探测器的发展，现在已知的卫星达67颗，比原先的数字翻了一番。

可是67颗卫星中类地行星（水星、金星、火星）只拥有3颗，数量众多的天文书上都认为水星、金星无卫星。

金星是离地球最近的行星，因此它也是全天最亮的星星，观测起来十分方便，所以现在谁也不会怀疑。金星虽然大小、质量与地球相差无几，却是"孤家寡人"。

那么，金星在过去是否也有过卫星呢？

在17世纪时，人们曾常常谈论金星的卫星问题。1686年8月，61岁的著名天文学家、法国巴黎天文台首任台长G·D·卡西尼宣布发现了金星卫星。卡西尼对金星卫星进行过多次仔细的观测，并且还推算出它的直径约为金星的1/4，即1500公里左右，比例与月球、地球比相仿。

在当时，发现新卫星还是很时髦的，因为除了月球外，人们仅知四个大木卫（1610年伽利略发现）、土卫六（1655年惠更斯发现）、土卫八、五、四、三（均为卡西尼发现）等九颗卫星，因而金卫的发现也曾轰动一时。卡西尼宣布发现金星卫星后，许多人也纷纷报告，称观测到了这颗不寻常的卫星。在卡西尼逝世（1712年）后，金星卫星似乎已成定论。英国一个名叫肖特的望远镜制造家在1740年也发表了他对金星卫星多次观测的资料。1761年，英国天文学家蒙泰尼对金星卫星的位置、亮度做了好几次观测记录，德国一位名叫朗伯的数学家根据发表的资料计算了金星卫星的轨道根数，认为它离金星的半径长40万公里，绕转周期为11天5小时。

关于金星卫星的最后报告是在1764年，当时至少有三位天文学家（两位在丹麦，一位在法国）撰写过关于他们观测到的金星卫星的文章。

但奇怪的是，从此之后再也无人提及金星卫星了。这就不可思议了，卡茜尼时代人们用口径很小、质量低劣的望远镜能看到的卫星，到赫歇尔时代，观测技术和仪器都有了很大提高，反而怎么也找不到它的踪影，岂非怪事。

△ "水手" 2号金星探测器

有人因此认为，卡西尼的"发现"并不可靠，很可能是光学上的幻觉造成的假象。然而也有许多人认为不能因为后来找不到而否定前人的发现，尤其是对于卡西尼这样著名天文学家的发现更应谨慎。众所周知，卡西尼虽然理论上相当保守，他不相信哥白尼的日心说，反对开普勒的行星运动三定理，也不接受牛顿的万有引力理论。然而，在观测技术上，他却卓有成就：他第一个证明了木星的自转，描述了木星表面的带纹和斑点。最早测出了火星的自转周期，发现了1～10等以上的四颗土星卫星。此外，他还利用火星视差第一次测出了天文单位的准确值。他的发现有其他人的佐证，因此认为金星卫星仅出于错觉似乎令人难以置信。

但是如果金星确有过卫星，那么它怎么会不知去向了呢，它是怎么消失的呢？对此，至今尚无很好的科学解释。这个天文之谜，只有等待着有志者去揭开了。

吸引眼球的宇宙探秘

神秘的火星标语之谜

在莫斯科一个大型记者招待会上，苏联一位太空专家于特·波索夫宣布了一个惊人的消息：一艘由苏联发往火星进行探测任务的无人太空船，在1990年3月27日从火星荒凉的表面上拍到一个奇怪的警告标语后，便突然中断了一切信息。一些科学家分析，它可能是被火星人击毁了。

这个警告标语是用英文写着的"离开"两个字。从无线电传回的照片上看，这个巨大标语好像是用石块雕刻出来的，按比例估计，这两个字至少有800米长，75米宽。标语似乎是依着巨型山石凿出来的，从其光滑的表面看，可能是用激光切割成的。这条标语不像1976年美国太空船在火星拍到的神秘人面像那么古老和饱受气候侵蚀，这个警告标语仿佛是最近才出现的。

火星人为什么要写这么两个字呢？波索夫博士说："显然是针对地球人的。我想那一定是由于我们派出的火星太空船太多，骚扰到火星上生物的安宁，所以便发出这个警告，叫我们离开。"

波索夫博士透露说，他们派出的太空船，开始时一切都很顺利，但当它把上述写了警告字句的照片传回地球后，便神秘地失踪了。那艘太空船是被火星上的生物毁灭了，还是暂时被他们扣押了，现在还弄不清楚。他说："如果我们先用无线电与那些火星人联络上，然后再派人到他们的星球，与之建立外交关系。我想他们是会接受的。"

波索夫博士公布的内容，立即震动了西方科学界，不少科学家对此深信不疑，认为这是人类征空史上一项最大发现。火星上是否存在生物，如果真的存在生物，他们肯跟人类建立关系吗？我们目前还不得而知，这也引导着人们继续探索。

太阳真的存在恐怖伴星吗

1846年，天文学家注意到天王星以一种与牛顿第一定律相矛盾的规律偏离正常轨道"摆动"，这意味着科学家们只有两种选择：要么重写牛顿的物理定律；要么"发明"一颗新的行星来解释这种奇怪的重力拖曳现象，结果天文学家们发现了"海王星"的存在。

今天，科学家们又遇到了相同的难题。路易斯安那大学的天文学家约翰·马特斯、帕特里克·威特曼和丹尼尔·威特米尔研究彗星轨道已有20多年的历史了，他们在研究了82颗来自遥远的奥特星云的彗星轨道之后发现，这些彗星的运行轨道似乎都受到一个位于太阳系边缘、冥王星之外的巨型天体的引力影响，使它们的轨道都沿着一条带状分布排列，同时它们到达近日点的时间也会发生周期性变化。

那么，到底是什么影响了彗星的轨道呢？路易斯安那大学的科学家们提出了惊人假设。他们认为最好的解释就是，在我们太阳系边缘的黑暗地带，存在着一颗以前从未为世人所知的太阳伴星——褐矮星，也就是说在我们的太阳系内拥有两颗恒星：一颗是太阳；另一颗就是这颗仍未被现有人空望远镜探测到的褐矮星——它跟太阳互相绕着彼此旋转。

该观点立即引发了科学界的巨大争论。路易斯安那大学的天文学家丹尼尔·威特米尔教授认为，这个惊人的假设完全是在统计学的基础上得出的。威特米尔教授对记者道："我们认为这是一颗褐矮星，但也可能是一颗质量是木星6倍左右的未知行星。我们之所以得出这样的结论，是因为没有任何其他理论可以解释彗星轨道的奇怪变化。"威特米尔称，如果它是一颗褐矮星的话，那么尺寸较小的它将无法像太阳那样进行核反应，它的表面将相对较冷；同时由于处在远离太阳的黑暗地带，它根本无法受到多少太阳光的照射，几乎不会有任何光线反射出来。以至于在冥王星发现后的70多年里，天

165

文学家至今没观测到它的存在也是很正常的事。

　　此外，路易斯安那大学的科学家们还将包括恐龙灭绝在内的地球物种灭绝都归咎于这颗神秘伴星的"作祟"，美国科学家们为此提出了"复仇女神"理论。威特米尔教授等人认为，这颗潜伏在黑暗之处的太阳伴星，可能正是给地球带来物种灭绝、包括6500万年前恐龙灭绝事件的罪魁祸首。科学家认为，这颗褐矮星的运行速度十分缓慢，它的运行轨道每隔3000万年会定时冲入彗星密集的奥特星云中，巨大的引力会将奥特星云中的一些彗星"拽"出来，将它们送往近日轨道，包括与地球擦肩而过。其中一些彗星雨则会撞到地球上，造成大规模的物种灭绝。路易斯安那大学的科学家认为，地球上的物种大约每3000万年就会灭绝一次，这个灭绝周期之所以像时钟一样精确，正是因为这颗黑暗中的太阳伴星每隔3000万年就会进入奥特星云，巨大的引力使成批彗星偏离轨道冲向地球，成为"灭顶灾星"。

　　路易斯安那大学的天文学家们测算，这颗黑暗中的星体大约在距太阳3万亿英里的地方运转——也即距离太阳有半光年左右的距离。

　　据报道，美国NASA拟在佛罗里达州的卡纳维拉尔角向太空发射一部新一代的红外线太空望远镜，这部红外天文望远镜一旦升空，将可以验证路易斯安那大学科学家们的惊人推断是否正确。因为如果这颗神秘太阳伴星"复仇女神"的确存在的话，那么这部新一代的红外线太空望远镜将可以捕捉到它的身影。据法新社报道称，这部望远镜耗资高达12亿美元，具有比以往天文望远镜更强大的功能，可以观测到宇宙中充满尘埃的黑暗角落，以及现有天文望远镜根本无法察觉到的黑暗星体。

月球形成的奥秘

月球是地球唯一的卫星，是离我们最近的星球，是人们用肉眼就能见到的芳邻。自古以来，人类不断探索月球上的秘密。月亮到底是怎么形成的呢？这一直是人们追寻解释的难点。最早的一种解说为"分裂说"。早在1898年，著名生物学家达尔文的儿子乔治·达尔文就在《太阳系中的潮汐和类似效应》一文中指出："月球本来是地球的一部分。"

△ 这是1972年美国阿波罗17号宇宙飞船在返回地球途中拍摄的月球照片

后来由于地球转速太快，把地球上的一部分物质甩了出去，这些物质脱离地球后形成了月球，而遗留在地球上的大坑，就是现在的太平洋。这一观点很快就遭到了一些人的反对。他们认为，以地球的自转速度是无法将那样大一块东西甩出去的。

俘获说：

这种假说认为，月球原来不过是太阳系中的一颗小行星。有一次，因其运行到地球附近，被地球的引力所俘获，从此再也没有离开过地球。还有一种接近俘获说的观点认为，地球不断把进入自己轨道的物质吸积到一起，久而久之，吸积的东西越来越多，最终形成了月球。

同源说：

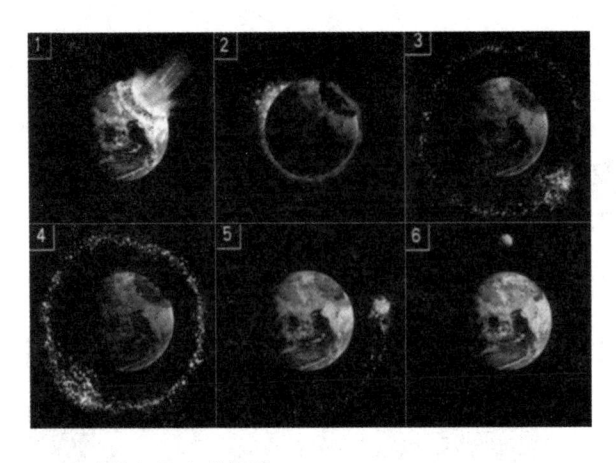

△ 月球的起源大碰撞说

这一假说认为，地球和月球原来都是太阳系中浮动的星云，经过旋转和吸积，同时形成星体。在吸积过程中，地球比月球吸积得要快些，因此地球要大些，成为"哥哥"。这一假说也受到了客观存在的挑战。通过对"阿波罗"12号飞船带回的岩样进行化验，人们发现月球要比地球古老得多。有人认为，月球年龄至少应在70亿年左右。

大碰撞说：

这是近年来关于月球成因的新假说。这一假说认为，在太阳系演化早期，星际空间曾形成大量的星子，星子通过互相碰撞、吸积而长大。星子合并形成一个原始地球，同时也形成了一个相当于地球质量0.14倍的天体。这两个天体在各自演化过程中，分别形成了以铁为主的金属核和用硅酸盐构成的幔与壳。一次偶然的机会，小的天体以每秒5千米左右的速度撞向地球。那个小的天体被撞击破裂，硅酸盐壳和幔受热蒸发，膨胀的气体以极大的速度携带大量粉碎了的尘埃飞离地球。飞离地球的气体和尘埃通过相互吸积而结合起来，形成全部熔融的月球，或者是先形成几个分离的小月球，再逐渐吸积形成一个部分熔融的大月球。

月球卫星之谜

1961年1月,科迪列夫斯基在太空中发现了两个相距不太远的雾状斑点。同年9月,在另一处又发现了一个类似的雾斑。他认为,每一个雾斑都是由一些大小不同的物质微粒组成的。这些雾斑又都环绕地球运行,轨道跟月球轨道差不多。这三个尘云型的"卫星"离地球的距离大约是40万公里,也就是在月球绕地球运行的轨道上。前两个雾斑彼此相距4万公里,而两者的共同质量中心位于月球前40万公里处。后一个雾斑位于月球后40万公里处。因而,这些"卫星"同地球和月球组成两个等边三角形,这三个尘云型"卫星"可以说是月球的邻居。可是除了科迪列夫斯基以外,没有其他天文学家观测到月球的这些邻居。航天飞行没有对它们作专门的探测,也没有发现这些尘云,所以它们究竟存在与否还是一个谜。

那么,除了"邻居"以外,月球还有自己的小月球环绕它运行吗?英国天文学家基斯·朗库德认为答案是肯定的。在数十亿年以前的一段时期,月球曾拥有若干个小月球,每个小月球的直径至少有30公里,可是到了距今42~38亿年前的时候,它们一个个从轨道上陨落,在月面上形成一个个"月海"。他认为,小月球陨落的原因是它们环绕月球赤道运转的轨道是不稳定的。小月球每次对月球的撞击,撞出大量的岩石,使运行中的月球失去平衡,月球就发生摇晃,使月球的极点移动,然后再恢复到平衡状态。被撞击抛出大量岩石后暴露出的月壳内层逐渐凝结成坚硬的岩层,形成新的盆地(即"月海"),此时月球就稳定在一个新的极点上了。

这一假说后来得到验证。科学家兰康对阿波罗登月舱取回的月球岩石进行分析研究后,从古磁学研究方面发现在几十亿年前,月球的极点确实移动过好几次。他认证出三条分别相应于42亿、40亿和38.5亿年以前的月球磁赤道,具有相似年龄的撞击盆地形成的"月海",正好沿这些磁赤道排列着。

他也认为这种撞击使月面物质重新分布，改变了月球的转动惯量，从而造成月极移动，这符合上述假说解释的小月球陨击的过程。

但是上述过程还不能最后确证，因为小行星或大陨星撞击月面也可能形成"月海"。另外，天文学家早就提出另一种造"海"过程的假说，认为在遥远的过去，月球自转比现在快得多，由于离心力的作用，那时候月球两极要比现在扁得多，当月球自转变慢时，两极附近的压缩减小，这就引起了"海"所在位置的区域下沉。同时，在月球的两极地区也发生了中强烈升起造成的破裂。这不仅说明了"月海"的成因，而且能够解释为什么"月海"呈带状分布，还能说明月谷可能就是由月壳的伸张所引起的破裂造成的。人们认为，这种假说是有道理的。

由于众说纷纭，所以科学家还要搜集更多的证据才能确认月球有过自己的小月球。例如，人类将来长期在月球上居住后，可以在月面上各个"海"中进行钻探比较，分析"海"区与"陆"区岩石成分的异同，判断"月海"成因是否真的由于小月球的陨落还是另有其他原因。另外，将来人类飞往太阳系其他行星的卫星上考察，也可以研究其他类似月球的卫星是否也曾有过自己的伙伴，这能间接地证实小月球陨落假说能不能成立。

有趣的是，英国天文学家目前还发现有第二个月亮正在围绕地球运行。这一颗名为"Cruithne"的星，原是一颗在太空飞行的小行星，因受到地球和太阳的引力吸引而进入地球轨道，成为另一颗地球卫星。"Cruithne"的直径只有3公里，其轨迹呈偏心圆形，每770年环绕地球一圈，预计能最少运行5000年。天文学家称，他们早已知道"Cruithne"的存在，但近期才发现它原来是环绕地球而行，而这一发现有助于天文学家以数学方法将太阳系星体的运行归类，以及研究小行星撞向地球的可能性。

月亮为什么会有圆缺

月亮是围绕地球运行的一颗卫星，它既不发热，也不发光。在黑暗的宇宙空间里，月亮是靠反射太阳光，我们才能看到它。月亮在绕地球运动的过程中，它和太阳、地球的相对位置不断发生变化。当它转到地球和太阳中间的时候，月亮正对着地球的那一面，一点也照不到太阳光，这时，我们就看不见它，这就是新月，叫做朔。新月以后两三天，当月亮沿着轨道慢慢地转过一个角度，它向着地球一面的边缘部分，逐渐被太阳光照亮，于是我们在天空中就看到一钩弯弯的月牙了。

这以后，月亮继续绕着地球旋转，它向着地球的这一面，照到太阳光部分一天比一天地多，于是弯弯的月牙也就一天比一天"胖"了起来。等到第七八天，月亮向着地球的这一面，有一半照到了太阳光，于是我们在晚上就看到半个月亮，这就是上弦月。上弦月以后，月亮逐渐转到和太阳相对的一面去，这时它向着地球的这一面，越来越多地照到了太阳光，因此我们看到的月亮，也就一天比一天圆起来。等到月亮完全走到和太阳相对的一面时，也就是月亮向着地球的这一面全部照到太阳光的时候，我们就看到一个滚圆的月亮，这就是满月，叫做望。满月以后，月亮向着地球的这一面，又有一部分慢慢地照不到太阳光了，于是我们看到月亮又开始渐渐地变"瘦"。满月以后七八天，在天空中又只能看到半个月亮了，这就是下弦月。下弦月以后，月亮继续"瘦"下去。过了四五天，又只剩下弯弯的一钩了。之后，月亮慢慢地变得完全看不见，新月时期又开始了。月亮圆缺的变化，是由于月亮绕着地球运动，它本身又不发光而反射太阳光的结果。

揭秘月震之谜

我们知道，地球每年都会发生许多次地震，月球也会发生月震。月球的内部能量已近于枯竭，虽然现在它是一个几近僵死的天体，但仍然有轻微的活动，因此经常有微弱的月震发生。1969年7月，阿波罗11号飞船航天员登月后在月球静海西南角设置了检测月震的仪器。此后，相继在月球着陆的几艘阿波罗飞船先后在风暴洋东南、弗拉-摩洛地区、亚平宁山区的哈德利峡谷、笛卡尔儿高地和澄海东南的金牛—利特罗峡谷放置了月震仪。月面上的6台月震仪组成了检测月震的网络，它可以记录月震发生的时间、位置、强度和震源深度。至1977年8月为止，月球上的月震仪共监测到10000多次月震活动。

从月震图上可以看出来，月震和地震很不一样，一个小地震可使远方的地震仪持续一分钟，而在月球上要持续一小时，震幅迅速增大后，衰减十分缓慢，这有趣的现象科学家认为可能和月球上缺水和岩石的破裂性质有关。

月震比地震发生的频率小得多，每年约1000次。月震释放的能量也远小于地震，最大的月震震级只相当于地震的级～2级。月震的震源深度在月球表面以下700～1000千米处，而地震的震源深度仅几十千米到300千米。月震波在月球内部要多次反射回返，持续时间近1小时，而地球上这种小地震的地震波在地球内部传播的持续时间不超过1分钟。

科学家们通过长期的研究认为，太阳和地球的起潮力是引发月震的主要原因，此外太阳系内的小天体（如陨石、彗星碎块）撞击月球时，也可以诱发较大的月震。比如1972年7月17日21时50分50秒，在月球背面靠近莫斯科海附近，一块重约1吨的巨大陨石撞击月球，产生了一次3.5～4级的月震。另有一类来历还不明的月震，在几天内每隔几小时反复发生。月震的稀少意味着月球内部是固态的，而且其内部中心温度较低。

月球年龄有多大

月球年龄到底有多大？近日，德国和英国的科学家就月球的年龄问题给出了一个最为精确的答案：据他们推算，月球已经有四十五亿二千七百万岁了，只比太阳系的形成小三千多万岁。

来自德国和英国三所大学的研究人员，在最新出版的美国《科学》杂志上发表了这一研究成果。他们是通过分析美国"阿波罗"飞船带回的不同月球岩石样本得出这一结果的。这也是至今为止有关月球年龄的最精确的测量结果。

△ 月球环行山

揭开月球年龄秘密的是月球岩石中钨-182同位素的数量。钨-182同位素有一部分是由放射性铪-182衰变产生的，而铪-182在地质学标准上衰变非常快。钨-182的数量能够给出相对精确的有关岩石年龄的信息。

专家说，对月球年龄的新认识有助于对地球历史的研究。至今，人们还无法给地球标明确切的"出生"日期，因为地球上最古老的岩石都要比地球年轻至少5亿岁，用它们确定地球年龄根本行不通。但按照普遍承认的"大碰撞理论"，月球与地球同时形成，那么有关月球形成的知识就可能给出地球生日的答案了。

月球的岩石年龄是多少

最近，德国和英国科学家分析了美国"阿波罗"号飞船带回的不同月球岩石样本，根据岩石中钨-182同位素的数量，测出了相对精确的岩石年龄。科学家们分析测算出月球的年龄为四十五亿二千七百万，这是迄今为止有关月球年龄的最精确测量结果。这一最新数据不仅符合目前常用的月球形成理论，同时也支持地球形成时间的理论，将有助于研究地球形成的历史。按照大碰撞理论，月球与地球同时形成，确定了月球的年龄就有望推算出地球的年龄。

月球是地球的卫星，而科学家现在还无法给地球标明确切的出生日期，因为地球上最古老的岩石要比地球年轻至少5亿岁，无法用来确定地球年龄。按照大碰撞理论，月球与地球同时形成，如果真如前面所说，月球的年龄被认可，那无疑月球的年龄也将被确定。

目前，科学家们估算的地球年龄约为46亿年。

放射性同位素法所根据的原理是同位素的衰变，在经过一个半衰期后原来的同位素就只剩下二分之一，经过两个半衰期后就只剩下四分之一……依此类推。只要测出岩石中衰变前后同位素含量之比值，就可以从已知的半衰期推算出其年龄。此法测出的是岩石的"放射性年龄"，将之作为地球的年龄，隐含着一个假定：将该岩石的形成当作地球的诞生，问题是：该岩石是否就是地球上最古老的呢？放射性同位素法也用于测量月岩的年龄，结果介于41～46亿年之间。有人将之当作地球的年龄，隐含的假定是月岩与地球同龄，这就涉及到行星和卫星的形成，对此至今尚无定论。实际上放射性同位素法测出的是岩石从灼热的熔融岩浆中凝固时算起的地壳的年龄，在这以前地球早已诞生。有人指出："地球作为太阳系的独立行星形成于50～55亿年前"（沙金庚："古老而充满活力的古生物学"，刊于《科学》2002年第1期）。总之，仍然是众说纷纭。

人类摧毁月球有好处吗

摧毁月球！无论是谁只要听到这几个，一定会认为这是某部科幻片中的情节，要么就是提出这一建议的人是个疯子，其疯狂程度比那些秘密克隆人的人不知超出了多少。然而"摧毁月球"既不是科幻片中的情景，提出这一建议的科学家也自认为他们不是疯子。他们都是俄罗斯响当当的科学家，他们声称，提出这一建议决非心血来潮，而是有着充分的根据，是他们多年研究后得出的结论。为首的科学家名叫弗拉迪米尔·克鲁因斯基。此人在世界物理学界的名气并不是很大，但在俄罗斯却是一位受人尊敬的天体物理学家，也是"摧毁月球"计划最坚定的支持者。他指出，俄罗斯位于北半球，大部分国土靠近北冰洋，冬季太过漫长，不仅农业生产受到极大影响，冰天雪地的生活也让许多人望而生畏。之所以出现这样的结果，长久以来被视为人类朋友的月球扮演了不光彩的角色。克鲁因斯基因此联合其他四名顶尖物理学家，展开了"月球对地球的影响"这一课题的研究，并最终提出了大胆建议：摧毁月球。这些科学家认为，摧毁月球，将使整个地球成为人类生存的天堂，俄罗斯寒冷的冬季会因此一去不复返。克鲁因斯基表示，很多人听到摧毁月球的设想后大吃一惊，这是可以理解的，毕竟千百年来，月亮在人们的心目中建立起了自己的"声望"。可是稍微有些天体物理学常识的人都知道，月亮其实是地球的枷锁，它就像一个链球，紧紧地拉着地球，使得地球的自转速度变慢，使得海潮起起落落。所以，说月球是地球的一只体格庞大的寄生虫并不为过。

那么，摧毁月球后对地球乃至人类究竟有哪些好处呢？克鲁因斯基解释说："消灭月球，人类就消灭了饥饿，消灭了地球上许多灾难与痛苦。"这位物理学家接着分析说，月球强大的引力将地球拉歪了，使得地球在自转的同时，以一种笨拙的倾斜的姿势绕着太阳转，因此使得地球上

吸引眼球的宇宙探秘

△ 月相变化示意图

的气候变化无常。

　　黄赤交角即赤道面与公转轨道面的交角来表示；而在地心天球上，则表现为黄道与天赤道的交角，并被称为黄赤交角，又称"黄赤大距"。黄道（地球公转轨道）与天赤道（赤道面与天球的交线），现在夹角为23°26′。

　　在俄罗斯，每到冬天，寒气逼人，几乎一切作物都停止了播种与生长。在同一时间，无情的旱灾会肆虐非洲大陆。只要将月球摧毁，地球也就不再倾斜。如果地球的倾角变成0°，这就意味着季节变化从地球上消失，整个地球就会拥有适宜的气候，有些地方则会拥有永恒的春天。到那个时候，现在的沙漠会变成绿洲，农作物会茁壮成长。全世界的孩子们也就不会忍饥挨饿，他们的脸上会重现灿烂的笑容。

　　摧毁月球的难度不大。事实上，"摧毁月球，造福人类"这一惊人构想早就有人提出过。在1991年，《世界新闻周刊》便报道说，美国爱荷华州立大学数学教授亚历山大·阿比安就曾提出类似的想法。当时，阿比安在接受这家周刊的采访时口气异常坚定地说："我现在无法预测人类何时会摧毁月球，但这件事似乎是不可避免的。"

阿比安同样是从为人类造福的角度提出摧毁月球这一建议的。

《纽约时报》援引当年负责对这一计划进行绝密研究的科学家莱昂纳德·雷费尔的话说，美国空军是在月球上引爆原子弹计划的支持者，因为苏联于1957年成功地发射了世界上第一颗人造地球卫星，在航天方面，美国人落在了苏联人的后面，在月球上引爆原子弹，可以提升美国人的信心。然而经过仔细权衡，美国空军高层认为这一计划的风险已经远远超过了从中获得的好处。因此，在月球上引爆原子弹的计划才以流产告终。

那么在人类现有的条件下，是否有可能让月球从宇宙蒸发呢？克鲁因斯基认为，现在的问题不是人类有没有能力摧毁月球，而是俄罗斯和其他国家是否同意这么做。他指出，摧毁月球计划并不复杂，只需要借助核武器就能把地球从月球的阴影下解放出来。

克鲁因斯基透露，摧毁月球对于今天的人类来说，是一件非常简单的事情。只需要在俄罗斯的"联盟"型火箭上装上6000万吨级的核弹头，然后将它们射向月球即可。他说："我们（俄罗斯）现在拥有成百上千枚核武器，这些可怕的武器不仅没有多少实际用处，关于裁减核武器的谈判还耗时费力。用它们来摧毁月球，也算是为人类造了福。"

据悉，这五名科学家已经把他们的建议郑重地提交俄罗斯政府。克里姆林宫一个不愿透露姓名的内幕人士表示，这一建议不仅让政府高层觉得新鲜，也给他们留下了深刻印象。政府向这些科学家许诺，将对这一建议的可行性进行认真研究。

原来，月球竟然是地球的寄生虫，可是如果真的摧毁了月球，宇宙一定会发生一些变化。这些变化是好是坏？我们无法预知。我们只希望科学家能慎重考虑，然后再做出决定。

一年里为什么会有四季变化

温带一年中的春夏秋冬四个季节，叫做四季。四季是个半球性现象，南北半球的季节相反，全球没有统一的季节。四季又是一个地带性现象，只有温带才有明显的四季变化。所以，四季演变对温带地区具有重要意义。

一、四季的划分

四季既是一种天文现象，又是一种气候现象，所以四季的划分，既要考虑天文因素，又要考虑气候因素。

根据天文因素划分四季，是以"四立"作为四季的起止点。由立春到立夏为春季；由立夏到立秋为夏季；由立秋到立冬为秋季；由立冬到立春为冬季。这样划分四季，虽具有明确的天文含义，夏季中点太阳高度最高，昼最长而夜最短，冬季相反，春秋两季适中；但与气候却不太相符，特别是温带北方，立春在天文上是春季的起点，但在气候上却处于隆冬，其他各季也有同样情况。

根据气候因素划分四季，是根据各地气温的实际情况而划分的。即根据"候均温"——一候（5日）的平均气温划分四季。候均温高于22℃的时期为夏季；低于10℃的时期为冬季；介于两者之间的时期为春秋二季。这样划分的四季，虽然具有气候上的明显标志，但会出现各地季节长短不一，热带常夏无冬，寒带终年无夏，我国北安以北无夏，南岭以南无冬等现象，并且还不具有明确的天文标志。

四季的划分，既要考虑天文因素，又要考虑气候因素，应把两者结合起来划分。春季：由春分到夏至，包括3月、4月、5月三个月；夏季：由夏至到秋分，包括6月、7月、8月三个月，秋季：由秋分到冬至，包括9月、10月、11月三个月；冬季：由冬至到春分，包括12月、1月、2月三个月。这样划分四季是比较合理的，世界温带各国大多采用这种划分四季的方法。

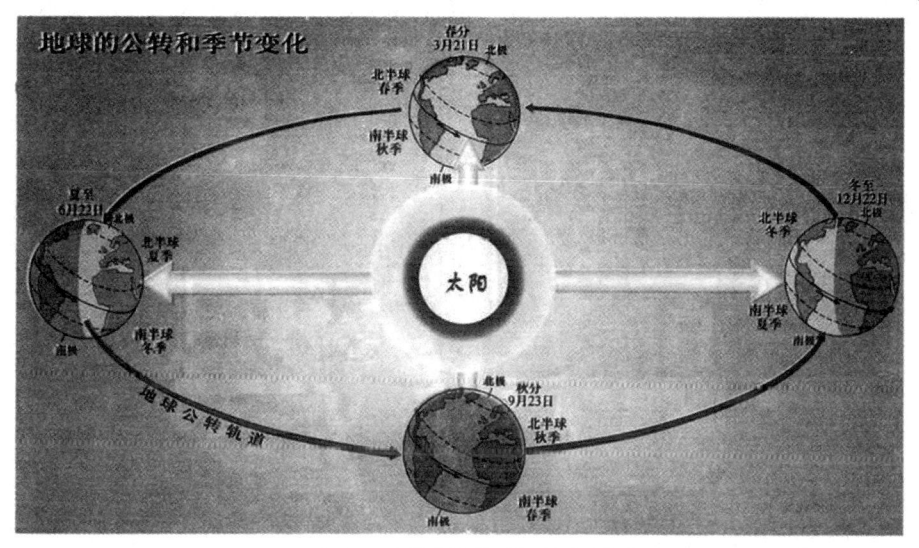

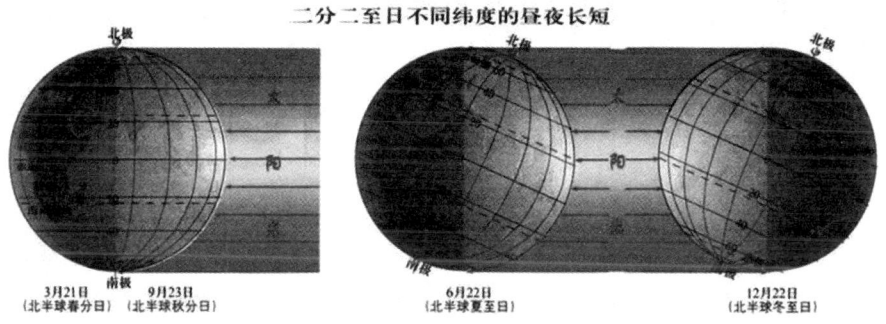

△ 地球公转示意图

二、四季的成因

四季应具有天文标志和气候标志，前者主要是正午太阳高度和昼夜长短；后者主要是气温高低。四季的成因，实际上就是这些标志的形成机制。

"春暖花开"、"烈日当头"、"天高气爽"、"寒风凛冽"这四句话是对春、夏、秋、冬四季最简明的写照。由此可见，四季的主要标志是寒来暑往，气温高低。所以形成四季的直接原因是气温的变化。而气温变化的根本原因是太阳直射点在地球表面南北移动的结果。太阳直射，日射角大，太阳光线所通过的大气层较薄，损失热量较少，再加上照射的地面较窄，热量集中，地面增温快，所以气温高。反之，太阳斜射，日射角小，情况则完全相反，所以气温低。因此，弄清太阳直射点南北移动的原因和规律，对揭示四季的成因是十分重要的。

太阳直射点在地球表面的南北移动是很有规律的。春分时，太阳直射赤道。以后逐渐北移，到夏至日直射北回归线。此后又南移，到秋分时又直射赤道。之后再继续南移，到冬至日直射南回归线。以后调转方向北移，翌年春分时再直射赤道。这种太阳在一年里南北往复运动，就引起了正午太阳高度和昼夜长短以一年为周期的变化，从而形成四季的交替。

三、四季的交替

夏至日（6月22日），太阳直射北回归线上。这时，北半球昼长夜短，北极圈以内出极昼现象。由于太阳直射，日照时间又长，所以北半球所获得的太阳光热最多，形成了炎热的夏季。而在南半球，情况则完全相反，反又形成了严寒的冬季。夏至日是太阳北移达到极点的时候，自此以后太阳从北半球开始南移。

到了秋分日（9月23日），太阳直射赤道。此时，南北半球所获得的太阳光热相等，温度适中，昼夜等长。在北半球形成秋季，在南半球形成春季。从此以后，太阳仍继续南移。

到了冬至日（12月22日），太阳直射在南回归线上。这时在北半球，夜长昼短，在北极圈内出现极夜现象。由于太阳斜射，日照时间又短，所以获得的太阳光热最少，形成冬季。而这时南半球大部地区阳光直射，日照时间又长，则形成夏季。冬至日是太阳南移达到极点的一天，自此以后又改变方向，向北移动。

到了翌年的春分日，太阳又直射在赤道上。这时南北半球所获得的热量又相等，温度适中，昼夜等长，在北半球形成春季，而在南半球则形成了秋季，自此以后太阳仍继续北移。到了6月22日，北半球又是夏季，而南半球又是冬季了。

由夏到秋，由秋到冬，由冬到春，由春又到夏。于是，四季就这样年复一年地循环不已。

区时是如何划分的

地方时是根据太阳测定的，时间与定时标志完全一致，不会出现"正午影不正"的现象，但也有不少问题。严格说来，东西两地经度的微小差异，都会引起地方时的不同。假如各地都使用地方时，这对东西间的往来，特别是国际交通、邮电等事业都极为不便，并会引起很大混乱。为此，世界各国根据协议把全球划分为24个时区，每1区跨经度15°，时间相差1小时。这种时刻叫做区时，也叫标准时。相同时刻的区域，叫做时区。各区都以该区中央标准经线的地方时作为全区的共同时刻。在同一时区内，中央标准经线以东地区的地方时较区时早些；以西地区的地方时较区时迟些；只有处于中央标准经线上的地方，地方时和区时才是一致的。

世界时区的划分，是沿着赤道把全球分作24等分，每分占经度15°，作为1个时区，两区时间相差1小时，东早而西晚。这样全球共划分为24个时区。其中本初子午线所在的一区叫做中区，也叫零时区。中区的范围是：西自西经7°30′起，东到东经7°30′止，合成15°，构成一个时区。本初子午线为本区中央标准经线，全区的时刻都以这条经线的地方时为准。中区以东有12个时区，即东一区到东十二区。东一区的范围是：西自东经7°30′，东至东经22°30′，以东经15°经线为中央标准经线，全区时刻都以东经15°中央标准经线的地方时为准。依此类推，可以划出东二区、东三区……直到东十二区。同样，在中区以西，还可以用同样方法划出西一区、西二区、西三区……一直到西十二区。实际上，东、西十二区都是半时区，两者合起来是一个时区，称作东、西十二区。这样全球就划出了24个时区，而把无数个地方时统一规划为24个，这就极大地简化了地球上时间的计量，解决了地方时的困扰。

世界各国时区的划分，按照时区划分原理的规定，应以经线为时区的东

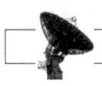

西界限，占据多少经度就应划多少个时区。但实际上世界各国的时区划分，并不完全如此。而是考虑到国家大小、国界和地区界等具体情况而划分的。所以各国的标准时与理论上的区时，是不完全一致的。

我国面积广大，疆域辽阔，东西横跨经度64°（71°E～135°E），从东五区到东九区，分布在5个时区的范围内。其中有3个整时区，2个半时区。我国于1919年就是据此把全国划分为3个整时区，中原时区（中央标准经线为120°E）、陇蜀时区（中央标准经线为105°E）和新藏时区（中央标准经线为90°E）；另外还有2个半时区：长白半时区（中央标准经线为127.5°E）和昆仑半时区（中央标准经线为82.5°E）。这样，东西时间相差5小时，时间计量多有不便。新中国成立后，为了计时方便，便于东西交往，而采用北京所在的东八区的区时，亦即东经120°的地方平时，作为全国的共同时刻，这就是北京时间。新藏地区为了计时方便，而采用东六区的区时，即东经90°的地方平时，称为乌鲁木齐时间。

为了充分利用夏季的白昼时间，节约能源，世界有些国家在夏半年都把钟表拨快1小时，称为夏制时。前些年，我国也曾采用这种办法，从4月中旬第一个星期日至9月中旬第一个星期日，实行夏时制，实行夏令时的时间长达将近半年。

以英国格林尼治天文台所在的本初子午线为标准的时间，即中时区的标准时，称为格林尼治时间。格林尼治时间是以地球自转为基准的世界时。但由于地球自转逐渐变慢，从而动摇了以地球自转计时的传统观念，而采用精确稳定的原子钟计时。为了协调原子时与以地球自转为基准的计时矛盾，而采取当两者相差0.9秒时，把原子钟加上一个额外的"闰秒"，以使两者同步。这样协调之后的时间，称为"协调世界时"。自1972年1月采用这种办法以来，已经"闰秒"16次。调整（即置闰）的时间，多在每年12月31日进行。这样就将原子时与世界时相互结合，取长补短，兼收两种计时的优点，进一步完善了世界计时制度。

大气层是怎样形成的

在我们人类居住的地球表面，笼罩着一层厚厚的大气层，它与人们的关系犹如鱼儿离不开水一样息息相关。大气千变万化，它有时"风调雨顺，则五谷丰登，人畜兴旺"；有时造成干旱、洪涝、严寒、酷暑等灾害，给人类带来巨大危害。因此我们要摸清大气的变化规律，那就需要了解笼罩地球的大气层是怎样形成的。

大气层是怎样形成的？这个问题人们一直在努力进行探索，至今还没有一个完美的解释，因为地球大气层的形成是在有人类以前。现在通常认为，笼罩地球的大气层是由于地球的引力作用，使空气质点聚集在地球周围而形成的。实际上，它不是孤立地形成的，大气的形成，一方面与地球、地壳的形成有关，一部分又与生物的出现有关。

一般认为，地球大气的形成大约在45亿年以前。在地球形成的当时（约距今50多亿年前）或稍晚一些时候，有一段时期地球上没有大气，现今观测到的大气是由伴随着火山活动而从地球内部排出的挥发性物质变成的。

另有认为，最初地球刚由星际物质凝聚成疏松的团状时，大气不仅已铺在地球表面，而且还渗住地球内部。那时空气中最多的是氢，约占气体成分的90%。此外还有不少水汽、甲烷、氨、氦以及一些惰性气体，但是很难发现氮、氧和二氧化碳。后来，由于地心引力的作用，使疏松的地球团逐渐缩小。在收缩时，地球内部的空气由于受到压缩而大量飞散到太空中去。但地球收缩到一定程度时，地壳渐渐地冷却、凝固。从地壳内部被挤到太空中的空气被地心引力拉住，围在地球表面，从而形成了最简单的、很薄的大气层，大气成分仍是水汽、氢、氦、氨、惰性气体等，它与现在的大气成分大不一样。在地壳凝固后的漫长岁月中，地球内部又因放射性元素的作用而不断发热，造成地层的大调整，使地壳的某些地方，发生断层和位置移动，岩

183

吸引眼球的宇宙探秘

△ 地球大气层的壮观景象

层中的许多水分在高温中又继续释放出来，增添了江河湖海中的水量。被拘禁在岩石或地层中的一些气体（包括二氧化碳），也大量跑出来，充实了稀薄的大气层。这时大气上层已有许多水蒸气，它们受到太阳光的照射，一部分分解为氢和氧。被分解出来的氧，一部分与氨中的氢结合，使氨中的氮分离出来；一部分与甲烷中的氢结合，使甲烷中的碳分离出来，这些碳又与氧结合成二氧化碳。这样，大气层的主要成分就变为水汽、氮、二氧化碳和氧了。但那时大气中的二氧化碳比现在多，而氧则比现在少。

约在距今十八九亿年前，水体中已渐渐有生物生成。约在七八亿年前，陆地上开始出现植物，当时大气中的二氧化碳含量较多，有利于植物的光合作用，大量植物吸收二氧化碳而放出氧，使大气中的含氧量大大增加。约在5亿年前，地球上动物增加很快；动物的呼吸，又使大气中的部分氧转为二氧化碳。动植物增多后，它们在排泄和腐烂时，蛋白质的一部分变为氨和铵盐，另一部分直接分解出氮。变为氨和铵盐的一部分，通过硝化细菌和脱氧细菌的作用，也有一些变为气体氮，进入大气。由于氮是惰性气体，大气中的氮也就越积越多，成为大气含量最多的成分，约占78%。

从上述可见，大气的形成与地球形成、地壳运动密切相关。其厚度和成分的变化，与生物的出现和发展有关。经过漫长的岁月，大气的成分在不断变化，最终形成现今的大气层。